汉竹编著·健康爱家系列

U0260427

阳台种菜高手

魏旭敏 马 良 著

江苏凤凰科学技术出版社·南京

图书在版编目（CIP）数据

阳台种菜高手 / 魏旭敏，马良著 . — 南京：江苏凤凰科学技术
出版社 , 2023.9
ISBN 978-7-5713-3628-8

Ⅰ . ①阳⋯ Ⅱ . ①魏⋯ ②马⋯ Ⅲ . ①阳台 – 蔬菜园艺 Ⅳ .
① S63

中国国家版本馆 CIP 数据核字 (2023) 第 113865 号

中国健康生活图书实力品牌

阳台种菜高手

著　　　者	魏旭敏　马　良
全 书 设 计	汉　竹
责 任 编 辑	刘玉锋
特 邀 编 辑	张　瑜　郭　搏　宋　芮　王　超
责 任 校 对	仲　敏
责 任 监 制	刘文洋

出 版 发 行	江苏凤凰科学技术出版社
出版社地址	南京市湖南路 1 号 A 楼，邮编：210009
出版社网址	http://www.pspress.cn
印　　　刷	合肥精艺印刷有限公司

开　　　本	720 mm × 1 000 mm　1/16
印　　　张	11
字　　　数	220 000
版　　　次	2023 年 9 月第 1 版
印　　　次	2023 年 9 月第 1 次印刷

标 准 书 号	ISBN 978-7-5713-3628-8
定　　　价	39.80 元

在城市里过"农夫瘾"

　　我的童年是在四川的一座小城里度过的，当时城市和乡村的界限比较模糊，距离也很近。住在平房里的人们，只要房前屋后有空地的，几乎都给种上了菜。

　　小时候，我常常跟着亲戚们去地里采摘蔬菜，大人们忙活着，小孩就跟在后面东看看西看看，看有没有野菜可以摘。大人要是挖花生，我们就在后面把刚挖出来的花生直接剥开吃，也不管上面是不是还沾着泥，现在想起来就两个字——新鲜！夏天，奶奶和姑妈总能从亲戚家弄来刚摘的玉米，上锅蒸熟了，吃起来那个香啊，在我的记忆里一直保留到现在。

　　长大后，我大部分时间都在城市工作生活着，每天忙忙碌碌的，顾不上吃的东西干不干净、新不新鲜。整日在"水泥森林"里穿梭着，面对各种食品问题、农药残留超标的新闻，也只能无奈地摇摇头。

　　去年春天，我和老公把家里阳台好好地收拾了一番，琢磨着种些花花草草，就上网找寻相关信息。无意中发现，原来除了种花草，还有另外一种选择——阳台种菜，我们都兴奋不已。原来没有土地的我们，也可以在阳台开辟一块小小的自留地，过过"农夫瘾"。

　　于是从一盆两盆开始，我们渐渐把菜种满了整个阳台，继而种到了厨房窗台。我常常在阳台发呆，想着这些小小的种子，只要有了适宜的环境就会生根、发芽、开花、结果，这真是大自然带给我们的奇迹呀！你能想象吗？在高楼林立的城市里，还有这样一群人，他们在小小的阳台里开辟了一个迷你菜园。他们品尝着新鲜的蔬菜，也体会着农夫式的简单快乐。他们就是阳台种菜大军。

　　如果你是忙碌的白领，请赶紧加入阳台种菜大军。如果每天劳碌、快节奏的工作生活让你喘不过气，种菜会让你的生活慢下来，享受属于自己的绿色和宁静！

　　如果你是年轻的爸爸妈妈，请赶紧加入阳台种菜大军。带着孩子一起种菜，给孩子一个劳动的机会，让他们懂得付出才有收获，学会给予关爱、关注细节。而且，学校有种植作业也不怕啦，因为全家都是种菜高手！

　　如果你是退休的中老年人，请赶紧加入种菜大军。退休后，突然有了大把的空闲时间，也许会让你觉得无聊吧，种菜会让你的生活变得充实。孩子回家吃饭的时候，端上一盘自家种的菜，绝对会让你自豪！

　　自家种菜绿色又健康，是哪里都买不来的新鲜。更重要的是，可以好好享受耕耘的快乐！

魏旭敏

2023.02.25

目录

第一章　家庭种菜基础知识

种好菜，你要知道的7件事儿 … 2

温度，要适合 …… 2

光照，要充足 …… 2

空气，要流通 …… 2

肥料，营养要均衡 …… 3

浇水，先摸土 …… 3

土壤，疏松、肥沃、排水性好 …… 3

种子发芽的 4 个条件 …… 3

找容器 …… 4

实用的传统容器 …… 4

环保的创意容器 …… 5

种菜故事之"淘"容器 …… 6

自制容器之外卖餐盒种菜 …… 7

自制容器之泡沫箱小菜园 …… 8

小菜园插牌制作方法 …… 9

找工具 …… 10

花钱买的工具 …… 10

不花钱的工具 …… 10

自制工具之饮料瓶变身小铲子 …… 11

自制工具之各种小标签 …… 11

选好土 …… 12

怎样选到好土 …… 12

常见土优缺点一览表 …… 13

常用土配比 …… 13

旧土再利用 …… 13

选种子和种苗 …… 14

什么样的种子是好种子 …… 14

怎样买袋装的种子 …… 14

如何保存种子 …… 14

怎样选种苗 …… 14

什么时候买种苗比较好 …… 14

自制有机肥 …… 15

常见的有机肥有哪些 …… 15

随手可得的沤肥原料有哪些 …… 15

如何施肥 …… 16

施肥四忌 …… 16

施肥的量 …… 16

施肥多了如何补救 …… 16

液体肥沤肥法 …… 17

怎样播种 …… 18

集合装备 …… 18

分步详解 …… 19

酸奶盒育苗移栽法 …… 20

湿纸巾催芽法 …… 21

第二章　好吃又好种的芽苗菜

豌豆苗 ·············· **24**
豌豆苗生长过程 ···················· 26
留下豆苗桩有惊喜 ················· 28

绿豆芽 ·············· **30**
绿豆芽生长过程 ···················· 32

小麦苗 ·············· **34**
小麦苗生长过程 ···················· 36

油葵苗 ·············· **38**
油葵苗生长过程 ···················· 40

萝卜苗 ·············· **42**
萝卜苗生长过程 ···················· 44

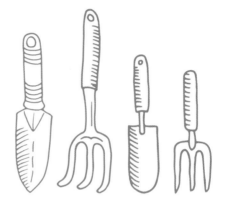

香椿苗 ·············· **46**
香椿苗生长过程 ···················· 48
香椿毛籽的处理方法 ·············· 49

黄豆芽 ·············· **50**
用茶壶培育 ························· 52
茶壶中的黄豆芽生长过程 ········· 53

苜蓿苗 ·············· **54**
苜蓿苗生长过程 ···················· 56

菜农小贴士 ·············· **58**

第三章　叶子菜，收成好

大叶茼蒿·····················62
大叶茼蒿生长过程················· 64

奶油生菜······················ 66
奶油生菜生长过程················· 68

水培红薯苗····················· 70
水培红薯苗生长过程················ 71

小白菜·······················72
小白菜生长过程·················· 74

小油菜·······················76
小油菜生长过程·················· 78

苦苣························· 80
苦苣生长过程··················· 82

空心菜······················· 84
空心菜生长过程·················· 86

韭菜························· 88
韭菜生长过程··················· 90

水培大蒜苗·····················92
水培大蒜苗生长过程················ 93

香芹························· 94
香芹生长过程··················· 96
用香芹头种香芹················· 98

油麦菜······················· 99
油麦菜生长过程·················· 101

菜农小贴士·····················102

第四章　美味果实

西葫芦·····················106
西葫芦生长过程·················108

黄瓜······················110
黄瓜生长过程··················112

朝天椒·····················114
朝天椒生长过程·················116

眉豆······················118
眉豆生长过程··················120

西瓜······················122
西瓜生长过程··················124

草莓······················126
草莓生长过程··················128

小番茄·····················130
小番茄生长过程·················132

樱桃萝卜····················134
樱桃萝卜生长过程················136

菜农小贴士···················138

第五章　调味香草

百里香·····················142
百里香生长过程·················144

薄荷······················146
薄荷生长过程··················148

罗勒······················150
罗勒生长过程··················152

紫苏······················154
紫苏生长过程··················156

小香葱·····················158
小香葱生长过程·················159
用鳞茎种小香葱················159

香菜······················160
香菜生长过程··················161

附录：病虫大作战

种蝇······················162
蚜虫······················163
潜叶蝇·····················164
红蜘蛛·····················165
烟青虫·····················166
白粉虱·····················166
白粉病·····················167
炭疽病·····················167

后记

种子

蔬菜

植株

修剪

花盆

幼苗

第一章
家庭种菜基础知识

菜价又涨了；某某蔬菜农药残留又超标了
……听到这些消息，除了无奈地摇头叹息，
你还可以选择另一种方式哦！加入阳台种
菜大军，自己种植蔬菜，吃上真正绿色、健
康的蔬菜，这生活——快乐又健康！

种好菜，你要知道的7件事儿

万物都有自己的特点和习性，植物也不例外。温度、阳光、空气、肥料、水、土壤，这些都是植物生长的要素，它们决定了你种的菜是否能茁壮成长。

温度，要适合

在适宜的温度范围内，植物长得既快又好。大部分绿叶菜、根茎类蔬菜喜冷凉，春、秋比夏天长得好；一些瓜类、豆类喜温暖、耐高温，夏天长得好；还有一些绿叶菜耐寒，适合冬天种植。

中国南北方气候差异大，而且家庭阳台的朝向、通风、日照强度对温度都有影响，且各家有各家的情况，所以种植季节很难一概而论。本书提供了大致的种植时间，但要想蔬菜长得特别好，我们还要结合自家阳台的温度情况，选对时间种菜，这样可以大大降低管理难度，减少病虫害的发生。

光照，要充足

家庭阳台种菜，阳光是最好的光照。种植时，主要是根据植物对光照的需求，控制好光照时间。喜阳光的植物，要多晒太阳；耐阴的植物，不是说不用晒太阳，而是晒太阳的时间可以短些，但每天也要保证3~5个小时阳光照射。瓜果、豆类蔬菜，比较耐强光；绿叶菜、根茎类蔬菜，中等强度的光照就可以了，阳光过强时要为其遮阳。光照强度的把握，简单地说，就是看自己皮肤在阳光下觉不觉得烤得慌。夏天早晚的光照不强，中午那种晒得皮肤火辣辣的，就是很强的光照了，不耐强光的植物可能被其灼伤叶片。

瓜果、豆类爱晒太阳，可果断放在较高处。

大部分绿叶菜讨厌夏季正午的毒日头，可放在中层。

像韭菜、小葱这类较耐阴的蔬菜，可放在最底层。

空气，要流通

空气流通不畅，会造成局部环境闷热，滋生病菌，植株容易生病和长虫。从阳台不同位置的通风状况看，最好的是四周都通风的地方，其次是阳台内靠近窗户的地方，最后是窗户之下墙角处[1]。

---

[1] 在阳台上种菜时应保证容器不悬空或不在阳台边沿放置，以免出现高空坠物伤人事件。

肥料，营养要均衡

植物从土壤里吸收的营养元素主要有氮、磷、钾、钙、镁、铁等。

氮，可促进叶片的生长。植物生长初期和中期，对氮的需求比较大。绿叶菜主要就是叶，所以需要比较多的氮。缺氮的话，植株下部的老叶变黄，会逐渐干枯脱落。

磷，可促进开花结果，使花开得更大、更鲜艳，果实更丰硕。缺磷的话，主要表现为花小而少、掉花、落果。

钾，可让植物长得更壮实、更健康，果实个头儿更大。缺钾的话，植株瘦弱、易倒伏、易得病，老叶边缘变黄、变深褐色，最终脱落，果实发育不良。

浇水，先摸土

浇水的原则：用手轻抠表土，干了就要浇水，每次浇水一定要浇透。土壤湿度的4个度：湿、微湿、微干、干。见干是指"微干"或者"干"，"微干"和"干"的把握，要看植物的特性，一般"微干"就要浇水了，有些耐旱的植物，"干"时浇水也可以。浇水的时间要在早、晚，不要大热天中午浇水，因为中午土壤温度比较高，浇水容易损伤根部，出现烂根。

土壤，疏松、肥沃、排水性好

疏松、透气的土壤，有利于植物根部的生长。肥沃的土壤不仅能提供更多的营养，而且病虫害也较少，因为沃土中含有比较多的腐殖质、微生物菌，有益的微生物菌能抑制有害病菌的生长。很多人播种不发芽，或虽发芽，但植株生长不良、多病，这和不注意土壤的选择关系很大，如使用板结、不透气的土壤。

种子发芽的4个条件

家里用过的瓶子洗干净，装上水在太阳下晒几天，这种水很适合浇菜。

温度：不同蔬菜，其种子发芽温度不同，只有在合适的温度下，种子才发芽；温度过高、过低都会造成种子发芽缓慢，甚至不发芽。

水分：播种时先把土浇透，发芽前每天还要喷喷水，这是为了保持土壤湿润。

光照：多数种子发芽时都是讨厌光照的，叫嫌光种子，覆土就是为了给种子创造黑暗环境；但有些种子在有光条件下发芽更好，比如芹菜，播种时就不能覆土啦。

氧气：如果处于无氧或缺氧环境中，种子会不能发芽或发芽不良，所以要用透气性好的土播种。很多时候，种子不发芽，是因为用了板结、不透气的土，造成种子缺氧而影响发芽率。

找容器

种菜是一件令人愉悦的事情，就连选容器都充满乐趣。除了常用的花盆，还可以自己动手制作一些器皿，既环保又省钱，还能体现出自己的心思和创意！

实用的传统容器

瓦盆

透气性好，有利于根的呼吸，价格便宜，但不美观。

紫砂盆

透气性一般，栽盆景时较常用，有稳重、素雅的感觉。

塑料盆

造型多样，颜色丰富，美观，但透气性不好。普通塑料有"塑料味"，树脂材料一般没有"塑料味"，也比普通塑料耐用些。

陶瓷盆

透气性不好，但可以烧制出各种颜色和花纹，比较美观。

红陶盆

透气性好，有不同的造型，比瓦盆美观些，但使用一段时间后，盆的外壁会结一层斑驳的白霜（水碱结晶），影响美观。

塑料盆能用2~3年，树脂盆能用5~6年。瓦盆、陶瓷盆、紫砂盆只要不磕碰，一般不会坏，用10年以上没问题。有些劣质的瓷盆容易裂，质量好的使用10年以上也没问题。

环保的创意容器

泡沫箱

取材方便，便宜。尽量选带盖子的。但泡沫箱不美观，盛土后不易搬动。可以在泡沫箱下面垫块板子。

纸杯

一次性纸杯底部扎个孔，可种1棵绿叶菜，或种点小葱。不过，纸杯不太耐用。

外卖餐盒

洗净的外卖餐盒，底部扎几个排水孔，可以种些小葱或绿叶菜。尽量选深一些的盒子，能让植物根系发育更好。

面粉袋

用完的面粉袋子洗干净，装上土就可以用来种菜，适合种瓜果。但浇水的时候袋子容易往外渗水，可以找个托盘垫在底下。

饮料瓶、饮料桶

随手可得，剪掉部分瓶身，在底部扎几个排水孔，根据大小，种1~3棵绿叶菜，或者种几棵小葱。

这些容器大部分底部都没孔，使用之前要先用螺丝刀扎孔。扎孔后，垫个托盘，以防浇水后水流出。要是材料太硬不好扎的话，把螺丝刀先在火上烤一下，就很容易扎孔了。

芽苗菜容器连连看

塑料篮子

豆腐盒

饼干盒

便当碗

蔬菜包装盒

脸皮要"厚",动作要快。不过,捡回的花盆最好做一下全面消毒再使用。建议用开水烫或者用消毒液刷洗。

种菜故事之"淘"容器

　　把阳台收拾干净后,第一次去花卉市场,我看到其中一个商户门口放着一堆小泥盆。直觉告诉我,这是卖花的人扔的。

　　泥盆透气性很好,很适合养植物,现在外面很难买到了。我两眼放光……可又怕是别人还要用的,不敢轻易动手。

　　于是,绕着市场外面左逛右逛,每个门口好像都堆着些垃圾,进一步确认这是别人不要的了。又回到那个门口,拿出袋子开始"拾荒"。一会儿,一个大姐过来,我心里有点忐忑,莫非是来阻止我的? 没料到她看着我问:"你还要吗? 里面还有。"我当场石化了。还有? 带着1个书包外加1个购物袋走进去,也拿不了很多,看看盆的大小,也就适合早期种小苗,我心想着:如果还需要的话,就下次再来。最后依依不舍地回家了。

　　过了一阵子又去花卉市场,寻思着再背点回家,绕着找了几圈,一个都没有找到。从上次捡花盆那个门进去,旁边摊位上堆着一些盆,询问后才知道,现在要用钱来买了,人家摊主可学聪明了。

　　还有一次去花卉市场,正好遇上一家卖红陶盆的摊位在搬货,一眼看去,红陶盆的颜色和质感真的很好。

　　逛了一会儿回到那里,看到门口放着一堆破碎的盆,再仔细看看,有个直径二十几厘米的大盆只有一个小口子,另外还有几个小盆,差不多就是每个盆有2个缺口。

　　"这些老板还要吗? 老板会把它们都扔了吗? 扔了好可惜噢! 就破了一点点,老板是不是要拿来处理呢? 要是老板不要了,一直放在那里也会被别人捡去吧……"我一边走一边内心挣扎着。

　　来的次数多了,和那个老板也算认识了。内心挣扎了好久,终于战胜了自我,厚着脸皮去问老板:"外面的花盆你们还要吗?"得到否定的回答之后,赶紧把它们抱走了,虽然很沉,但是很开心。我一边走,一边脸上笑开了花。

"拾荒"可遇不可求啊,记得要眼观六路,及时下手。

自制容器之外卖餐盒种菜

① 首先准备一个外卖餐盒，尽量选深度大一点的。

② 在盒子底部均匀地扎一些孔。

③ 装上土，大概装到盒子的八分满。

④ 浇水，让土壤均匀地湿透。

⑤ 种一些小香葱或者绿叶菜，都挺合适的。

喜欢画画的朋友还可以在盒子上搞个创意涂鸦。充分发挥自己的个性和想象力，将外卖餐盒变成艺术品。

自制容器之泡沫箱小菜园

1 准备一个大泡沫箱，可以去经常光顾的水果摊找老板问问，运气好的话，老板也许就直接送给你啦，记得盖子也要一并带回家。现在网上购物多了，很多生鲜产品是用泡沫箱打包的，也可以留下来种菜。

2 找个螺丝刀或者其他尖头的工具，在泡沫箱底部和四周都均匀地扎上孔，这样有利于渗水透气。

3 有些泡沫箱本身就带有一些比较大的透气孔，种菜的话容易漏土，所以要用透明胶带封上一部分。建议将大孔中间部分封上，上下留下的小孔还可以透气。

4 把泡沫箱的盖子放在箱子下面垫着做接水托盘，在箱子里装上土，浇透水，把土划分成小块，就可以种菜啦。

5 播种完，记得插上小标签，以免忘记自己种了什么。注意保持土壤潮湿，耐心等待嫩芽破土而出吧！

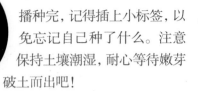

6 想要更有趣的话，可以做一个漂亮的插牌，写上"XX 的菜园"，如果家里有小朋友，这个工作就交给他们吧！

小菜园插牌制作方法

1 找一张厚一点的白色纸板，再准备好铅笔和剪刀，用铅笔在纸板上画出喜欢的形状后剪下来。

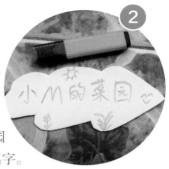

2 用彩笔在剪好的纸板上写上小菜园的名字。

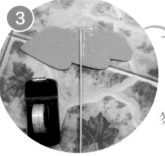

3 找一根竹签(筷子也行)，把纸板翻过来，用胶带将竹签固定在纸板背面。

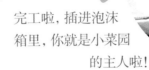

4 完工啦，插进泡沫箱里，你就是小菜园的主人啦!

这里只介绍了泡沫箱的三个播种方法，但没讲具体的播种过程，别着急，耐心往下看，下文会详细为你讲解。

泡沫箱的三个播种方法

泡沫箱的大小很合适种菜，装的土多，施足底肥后，营养足。绿叶菜可以条播2~3行，如果想让菜长得很大，可以点播2个穴;如果种瓜果，可点播1个穴。

找工具

准备种植工具也是件大事，有的工具可以去市场上买，有的工具则可以自制。笔者的原则是：能不买就不买，自己做，好玩又省钱！

花钱买的工具

喷壶

这个自己做比较难，虽然可以给饮料瓶盖扎孔自制，但很难达到喷雾的效果，所以喷壶还是买一个比较好。

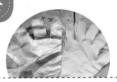

手套

它不属于必备品，直接用手操作也没有什么问题，只是土会残留在指甲里，清洗起来会有点麻烦。手套最好选薄薄的橡胶手套或塑料手套。

不花钱的工具

松土工具

这种工具只要去厨房里找个叉子就可以了，尤其是那种长柄的叉子，非常好用。

托盘

闲置不用的盘子，可以直接拿来当托盘。

支架

有些菜（如西红柿）生长时需要支架，平时攒一些废旧筷子或竹签，接成需要的长度，既环保又省钱。

小铲子

这个就可以自制了，找瓶壁比较厚、比较结实的饮料瓶，用剪刀斜着剪下，然后用打火机燎一下边缘不整齐的地方就可以了。

小标签

一次播了好多种子，常常忘记每个盆里种了什么，自己用牙签做几个小标签，播种以后插在盆里就一目了然啦。

自制工具之饮料瓶变身小铲子

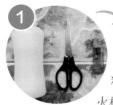

① 准备一个瓶壁比较厚、比较结实的饮料瓶，另需剪刀和打火机。

② 用剪刀斜着剪开饮料瓶，千万小心别伤到手。

③ 剪成两部分后，取带瓶盖的那部分。

④ 边缘处会有不整齐、不平滑的地方，只需用打火机轻轻燎一下即可。

⑤ 小铲子做好啦！

还可以用带提手的饮料瓶，留着提手部分，更方便好用。

自制工具之各种小标签

旗形小标签
将白纸剪成小长条，对折一下，两面分别写上菜名和播种日期，再用透明胶带将纸条密封起来，粘在牙签上。

雪糕棍小标签
把雪糕棍洗净晾干，用圆珠笔或记号笔写上菜名和播种日期。

硬卡片小标签
将硬卡片剪成倒三角形，写上菜名和播种日期。

选好土

种菜宜选用疏松、透气、保水性好但不容易积水的土壤。家庭盆栽蔬菜、瓜果，建议使用草炭土或营养土。

怎样选到好土

适合大部分蔬菜生长的土一般得肥沃、疏松、排水性好、保水保肥性好，且为偏弱酸性。

挑选时可以从以下几点判断：

1. 肥沃：植物吸收的营养主要来自土。好的土里，一般都带有很多草屑，也有些土会有腐叶等物质，这些物质经分解后，可以变成植物的营养。

2. 疏松：植物的根部也需要呼吸氧气进行新陈代谢，如果没有氧气，植物容易烂根、出现黄叶，严重的可能会死亡。疏松的土，用手攥一下，松开手会散掉，不板结。

3. 排水性：积水会造成根部缺氧。排水性好的土，渗水速度适中，不积水。

4. 保水保肥：植物的根部要从土里吸收水分和营养。能保水保肥的土，浇透水后，会明显变重。

5. 偏弱酸性：多数植物喜欢中性或者弱酸性土，其 pH 值在 6~7 之间。

"排水性好"和"保水保肥"看似是矛盾的，只要把握好一个度，其实它们并不矛盾。举两个极端的例子：排水性好的土是沙土，漏水很快，但也容易干，没有营养；保水保肥的土是黏土，吸水后不容易干，但是透气性不好，而且干了容易结块。因此，沙土和黏土都不是理想的种菜用土。

选土时还有个含水量的问题，如果土很干的话，会失去黏性，变得很散，给人感觉土很贫瘠。这时可以看看土里的草屑等有机质的含量，一般有机质多的土都是疏松、透气性好的，而且多呈弱酸性。

常见土优缺点一览表

名　称	特　点
园土	花园、田园里的土壤，容易结块，浇水后比较瓷实，透气性不太好
营养土	厂家封装，一般由草炭土、肥料、改善土壤的介质等按比例混合而成，排水性、透气性和营养都不错，不过厂家不同，质量也参差不齐
草炭土、泥炭土	疏松、肥沃、排水性好，并且呈弱酸性，有利于植物生长，推荐使用

常用土配比

育苗土：播种育苗时，一般直接用草炭土就可以了。如果想增加保水性，可以在草炭土中加少量蛭石，一般按 3:1 的比例混合就可以了。

种植土：最好选用营养土、草炭土。有人在土壤中加些珍珠岩和蛭石，笔者试验后，觉得对于种菜来说意义不大，而且还降低了土壤肥力，直接用营养土或草炭土就可以了。

蛭石

草炭土

如果用园土，建议在使用之前先将土进行消毒杀菌。最简单的方法是日光暴晒，将土摊开在阳光下暴晒 3~4 天，每天翻一下，晒透。

营养土

草炭土

旧土再利用

1. 土壤长时间使用后，土质下降，需要更换，一般一年换一次。旧的土壤不要扔，还可以再使用。

2. 把旧土里的老根、硬土块、石头拣出来，也可以用筛子筛出来。

3. 暴晒土壤，消毒杀菌、杀虫卵。

4. 找个大塑料袋，将土装进去，均匀地倒些水，将塑料袋密封好，继续暴晒 3 天。

5. 掺些新的草炭土，按照 1:1 比例混合就行了。

选种子和种苗

买种子,要选择完整、粒大、饱满、颜色不暗沉的。买种苗,要选择叶片新鲜、健壮,根部尽量完整、没有受损的,还要检查一下,不要有病虫害。

什么样的种子是好种子

1.纯净度高:杂质少,碎粒少。

2.无病变:没有虫眼,没有霉变。

3.外形饱满:不同种子外形不同,在符合种子外形的前提下,越饱满的越好。

4.色泽新鲜:颜色主要看新旧,不好的种子,颜色发旧,给人缺少活力的感觉。

怎样买袋装的种子

袋装种子,无法直接看到实物,也无法从包装上判断种子的好坏,但是一般都有生产日期。购买时,首先看生产日期。种子的保质期,一般是1~2年,所以最好选当年生产的;其次,要选择名气大的厂家。因为大厂家多数都有自己的种子基地,自己育种、采收,质量控制得相对好些,而且销售得快,一般不会有陈年种子。

如何保存种子

多数种子要放在阴凉、干燥、避光的地方保存,不能长时间密封,否则会因为缺氧而坏死。有些种子怕热,比如香椿籽,需要低温保存,可以放在冰箱冷藏室里。

怎样选种苗

1.带土:一定要带原土,而且土坨要完整,尽量没有缺失,缺失可能会伤到根。

2.苗壮:茎粗壮,叶子和叶子间的节短,叶子比较大、厚,叶色鲜艳;另外,还要看叶子的数量,一般子叶未脱落,有2~3片真叶的苗比较好。

3.无病虫害:一定要仔细看,不能有虫子,也不能有病害,否则带回家的话可能会传染、危害到其他植物。

什么时候买种苗比较好

春、秋季是较适合种子发芽的时节,所以,种苗一般都是春秋种,夏天、冬天很少有卖种苗的。

自制有机肥

肥料为植物提供各种营养，就像人要吃饭一样，缺肥的话，蔬菜也会营养不良。家庭种菜建议自制有机肥，毕竟是自家吃的菜，自制有机肥更健康，同时也更省钱、更环保。有机肥一定要发酵腐熟后再使用。施肥时要用水稀释肥料，并遵循"薄肥勤施"的原则。

常见的有机肥有哪些

1. 麻酱渣、菜籽饼：上等肥料，肥力大，做底肥很好，但泡水追肥有臭味。菜市场榨油的摊位和网上有售。

2. 蚯蚓粪肥：营养丰富，肥力比较柔和，不烧根。花卉市场和网上有售。

3. 发酵鸡粪、羊粪：农业用的，一般都掺土堆沤发酵，肥力一般。花卉市场和网上有售。

4. 脱脂骨粉：主要是磷肥和钙肥，对于瓜果有催花保果的作用。花卉市场和网上有售。

随手可得的沤肥原料有哪些

家庭厨余是很好的肥源，果皮、菜叶、发霉的豆类、鱼肠、虾杂、弄碎的蛋壳、花生壳、茶叶水、淘米水等，都可以用来沤肥。

豆类、鱼肠、虾杂、蛋壳沤出来的肥比较臭，嗅觉抵抗力强的话可以尝试一下。

果皮、菜叶、花生壳、茶叶水发酵后气味不大，推荐沤制。

淘米水发酵后气味稍大，但肥力效果非常好，也推荐大家沤制。

腐熟的有机肥肥力很强，切忌施用过多。液体肥要加水稀释后才能使用。

如何施肥

底肥

先在盆底放些土，避免肥水流失，之后再放肥，肥上加土。将肥放在靠近盆底处，像三明治似的，这就是施底肥。底肥也叫基肥。麻酱渣、菜籽饼、发酵鸡粪和羊粪、蚯蚓粪肥、脱脂骨粉都可以做底肥。

追肥

追肥的原则是薄肥勤施，看长势，定用量。长到 4 片叶子时，可以追一次肥，起到壮苗的作用；长出花骨朵了，追一次肥，起到催花的作用；开花后结果时，追一次肥，起到保果的作用。

液体肥：如果是自己沤制的有机肥，一般兑水稀释 10~20 倍就可以了；如果是购买的液体肥，要看清厂家包装上的说明，严格按照说明兑水使用。

固体肥：可能是颗粒状，也可能是粉末。在远离根部、靠近盆边处，开一圈浅沟，将固体肥均匀地撒在沟内，再用土把沟填上。随着浇水，营养会溶解在水中，渗入土壤。

施肥四忌

忌生肥。没有发酵的肥称作生肥，生肥在土里发酵，释放热量，会烧根；正在发酵的肥还可能引来蚂蚁、蛆虫，并会散发臭味。尤其在追肥时不能使用生肥。

忌浓肥。浓肥烧根，要施稀肥。有机肥水一般稀释 10 倍以上为稀肥。

忌热肥。夏天中午，土温比较高，浇水很容易伤根、烂根。

忌坐肥。移栽时，底肥上面要铺些土，不能直接把植物的根支在底肥上。

施肥的量

底肥，如果是麻酱渣、发酵鸡粪这种，一般是在盆底均匀地撒一些；袋装肥，看说明即可。

追肥，一般稀释 10~30 倍都可以，宁稀勿浓。施肥时，最好等土干了再施，此时植株吸收效果好。肥水不要沾到叶子上，如果沾上，最好用清水洗掉，否则容易烂叶。植株休眠、生长缓慢时不用施肥。

施肥多了如何补救

肥施多了会出现肥害，表现为叶片萎蔫、打卷，呈缺水状；嫩叶尖呈棕色，像烧焦了似的；之后，叶片干枯、脱落。

如果是液肥，要马上用清水浇灌土壤，稀释刚刚浇的肥，一般浇肥水的 2~3 倍就可以了；如果是底肥，要像换盆那样，把植株从盆中取出，把多的底肥取出来，重新装盆。

肥水不要沾染叶片，否则容易烂叶，如果不小心沾上，要及时用清水冲洗。

植株出现肥害，经补救后，要把植株放在阴凉的地方缓几天，并且经常给叶片和周围喷水，提高环境湿度，减少水分蒸发，降低根部吸水的压力，等植株恢复生机后，再晒太阳。

液体肥沤肥法

找个塑料瓶，清洗干净，瓶内不能有油、盐、糖之类的东西。

塑料瓶里面放进厨余残渣。

加水到大概九分满，盖上盖。

放在暖和的地方。

茶叶水

淘米水

菜叶果皮

麻酱渣

豆渣

扎孔防止喷肥

夏天大概1个月，冬天大概3个月，基本就沤好了。使用时，取上层清液，兑10~20倍水就可以了。沤肥的时间越长越好，味道也会随时间的增长而变小。

发酵过程中，会产生大量气体，盖子盖严的话，每天都要打开放放气，避免瓶内压力过大。如果有几天忘了放气，瓶内积累了很多气体，压力比较大，拧开瓶盖时一定要非常缓慢，只要有气开始慢慢排出了，就不要拧了，等气缓慢排出后再打开。笔者曾经因为打开瓶盖过快，里面的肥进出，弄得满脸、满阳台都是。

自家制肥最麻烦的是会散发臭味，我们可以在沤肥时放点橘子皮，虽然不能保证完全不臭，但还是有效果的。

自制豆浆的豆渣也可以用来沤肥，但也要注意必须腐熟发酵后才能使用。

防止肥水喷出还有个方法，可以用尖的东西，比如剪刀，在瓶盖上扎个孔，先排气，再打开瓶盖，虽然以后瓶子不能完全密封了，但是这个方法比较安全。或者，开始沤肥的时候就在瓶盖上扎一个小眼，让肥料发酵产生的气体缓慢释放出来，可防止喷肥。

怎样播种

　　大部分蔬菜的播种方法比较相近，几乎都需要经过装土、施肥、浇水、撒种、覆土、喷水等步骤。这里先介绍一些基本步骤和要注意的细节，让大家先有一个了解。

集合装备

花盆：建议用大点的盆，因为大盆土多，保水保肥性都好，而且能多种些菜。花盆下面垫个托盘，可以防止浇水的时候水到处流。

种子：有些种子在播种前，要先用清水泡一泡，在后面几章具体蔬菜的种植说明中，某种菜如果需要这个步骤，就会写清楚，大家只要照着做就可以啦。

水：最好是用大瓶子装上自来水，晾上1~2天。

喷壶：要那种可以喷雾的喷壶。

手套：选那种薄薄的塑料手套或橡胶手套。

小铲子：前面已经讲过，可以自己做。

肥料：如果是刚打算种菜，还没来得及准备肥料，可以去市场购买，比如麻酱渣、发酵鸡粪等；如果是厂家封装好的，购买时要注意闻有没有臭味、袋子是否胀气，如果有，就说明肥料没有发酵完全。

土：推荐大家使用草炭土或营养土。如果土很干，装盆后浇水不容易浇均匀，可以先加少量水，将土拌成微潮的状态再使用。

分步详解

动手啦：有手套的先把手套戴好。

用手或者小铲子往花盆里装土，填 3~4 厘米厚即可，并且把土轻轻地压实。

均匀地撒上一层肥料。

继续填土并轻轻地压实，直到距离盆口 3~5 厘米处。

浇水：大胆地往盆里倒水吧，别溢出来就行，直到盆底的孔有水漏出来。

把多余的水倒掉。花盆带托盘的话，把托盘里的水倒掉，把土压平整。

放种子：把种子均匀地撒在花盆里。也可以按照适当的间距用手在土上戳出 0.5 厘米左右的浅坑，每个坑里放上 2~4 粒种子。

覆土：给种子盖上一层薄土，土的厚度是种子直径的 1~2 倍，太厚影响透气，太薄根扎不稳。

喷水：用雾状喷壶将表面盖的土喷湿。还可以做个小标签插在土里，就大功告成啦！

酸奶盒育苗移栽法

为了提高种子的成活率，加快发芽速度，可以先育苗，等小苗长出后，再移栽到花盆里。春、秋播种的季节还没到时，可在室内提早育苗，等到温度合适了，再移栽到大盆里，这样收获也会更早。

准备好洗净的酸奶盒、透明胶带和剪刀。

用剪刀在酸奶盒底扎几个孔。

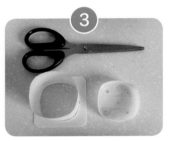

将酸奶盒从盒底以上1.5厘米左右处剪开，剪成上下两部分。

用透明胶带把剪开的两部分重新粘好，就可以填土、浇水、播种了。

小苗长大后就需要移栽了。把透明胶带撕掉，将酸奶盒上部分往上拉。

酸奶盒下面部分拿掉，就可以移栽到大盆里了。

移栽时，先往新盆里填土，施底肥。

苗放进新盆，扶着苗填土，并轻轻地压实。

浇透水。

湿纸巾催芽法

有些不好发芽的种子，或者家里有小朋友想观察种子发芽的过程，可以用纸巾催芽法进行催芽。

找一个塑料盒子，下面扎些孔。

铺上 2 层纸巾，用喷壶把纸巾喷湿。

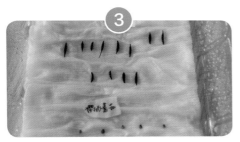

把种子排列在喷湿的纸巾上。

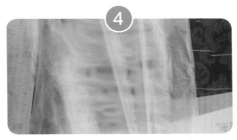

用保鲜袋或保鲜膜将盒子盖起来，放在黑暗的地方。每天打开透透气，纸巾干了，就喷些水保湿。

种子品种不同，发芽时间也不同，少则2~3 天，多则 15~20 天，长出根后，就可以种到土里去了。注意，先长出来的是根不是芽哦，要根部朝下种到土里去。

催芽最重要的是遮光和保湿，嫌光种子一定要放在黑暗的地方，可以找个大纸箱子扣在催芽盘上。而且，每天都要查看，发现纸巾干了就要马上喷水，喷水时动作要轻，别把种子冲跑了。

第二章
好吃又好种的芽苗菜

简单来说,芽苗菜就是可食用的小菜苗,种植芽苗菜好处多多!首先,它不需要土里的养分,靠的是种子里的营养,绿色、健康、无污染。其次,收获时间短,多数7~20天就可以采收。再者,不需要阳光直晒,温度在15~35℃,喷水就可以成长。室内一年四季都能种植。

豌豆苗

如果你从来没有种过菜,可以从种豌豆苗开始。它们不但简单易种,而且培育一次能吃很多次,让你充分感受到收获的喜悦。看着不断生长的嫩芽,心里也会不由自主地感慨:一颗颗小小的种子,竟然蕴含着那么强的生命力。

豌豆种子

1 用清水浸泡豌豆种子,水量是种子的 2~3 倍,夏季浸泡 10~16 小时,冬季浸泡 20~24 小时,看到水浑浊的话,就要尽快换水,其间大概需要淘洗换水 1~2 次。种子吸饱水后,会变得鼓鼓的。

2 准备好底部有孔的育苗盘,育苗盘可以从网上购买,也可以到超市购买或者自制(见第 5 页)。

3 在盘里垫上 2~3 张纸巾。

4 用喷壶把纸巾喷湿,这样纸巾就不会乱跑,方便铺种子。

自己收获的豌豆苗，
光看着就是一种享受。

私家秘方

- **种植难度**　超简单
- **种植季节**　一年四季
- **收获时间**　7~10 天
- **收获方式**　苗高 10~12 厘米时采收，可多次收获
- **光线要求**　前期遮光，苗高 6~8 厘米时，在室内见散射光
- **浇水要点**　喷水次数没有严格限制，一天 2~3 次，以保持纸巾和种子潮湿为准。喷水时要让纸巾湿透，然后把多余的积水倒掉或吸掉

养护要点

- 把育苗盘放到完全黑暗的地方进行催芽。建议把盘子放到大的纸箱里，盖上盖子；也可以找黑袋子、报纸等把盘子直接盖上，盖的东西稍微厚点，防止透光。
- 播种以后到见光之前，每天把盘子从纸箱里拿出来或把盘子上盖的东西揭开，透气 1~3 次，每次 5~10 分钟，温度高时需要多透气。

5 将浸泡好的种子均匀地铺在纸巾上，种子不能堆叠，别太稀也别太密。

豌豆苗生长过程

1~2 天后
· 种子先长出白色的根。
· 记住要遮光、喷水、透气。

豌豆苗从播种到收获一般需要1周。

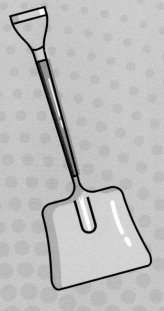

2~3 天后
· 根已经很长了，开始是横着长的，
过些天会往下长，扎到纸巾里。
· 这时要继续遮光、喷水、透气。

4 天后
· 小芽出来啦!
· 喷水的时候顺便把没有发芽的"死豆"拣出来扔了。
· 注意遮光、喷水、透气。

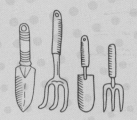

拿起剪刀,从种子以上 3~4 厘米的地方剪下,剪的时候,留着最下面的一个小芽。

5~6 天后
· 小苗已经长到 6~8 厘米高了。终于可以从"小黑屋"里出来见见光了,瞧,它们还低着头,像是有些害羞呢。
· 把盘子从纸箱里拿出来,或把表面盖的东西揭开,继续每天喷水。
· 放在室内有散射光的地方就好,可别直接晒太阳呀,不然小苗容易变老,就嚼不动了。

8 天后
· 小苗长到 10~12 厘米高,叶子也变绿了,这时就可以采收啦!

留下豆苗桩有惊喜

剩下的豆苗桩先别扔，继续每天浇水，还会有惊喜！

1

开始的几天，几乎没有什么变化，但是别着急，它们是在积蓄能量呢。

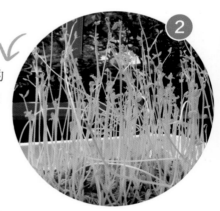

2

5~6 天后，剩下的苗桩开始猛长，能看出明显的变化。

3

8~9 天后，就可以收第 2 茬豌豆苗啦。不过由于豆子里的营养在上一次已经被消耗了一部分，所以第二次收获的量大概是第一次的一半。不要以为豆子们到这里就要"歇菜"了，剪完以后继续每天浇水，这一次会长得稍微"辛苦"一点，不过 6~7 天后也可以收割第 3 茬。

在开水锅里加一点盐，可以更好地保留豌豆苗翠绿的颜色。

新摘的豌豆苗可以焯水后凉拌吃，保留它最原始的味道。焯水时，可以先关火，再放豆苗，在开水中烫十几秒钟就好。

家里有小朋友的话，可以给小朋友讲讲，这些看上去不起眼的小种子，没有土壤的营养滋润，只依靠自己的生命力，就可以生长得这么旺盛，很了不起呢！还可以跟小朋友一起试试，能不能让它们继续长。

绿豆芽

　　绿豆芽很有营养，脆脆的口感全家人都很喜欢。培育之后，一个星期就可以收获。需要注意的是，在发芽过程中一定不能见光，还要每天淋水。绿豆芽需要的水分多，可以用厚毛巾来辅助催芽，不仅保湿性好，而且有利于遮光。

绿豆种子

1 用清水浸泡种子，时间为 12~16 小时，水量是种子的 2~3 倍，看到水浑浊了，就要换水，其间需要淘洗换水 1~2 次，让种子吸饱水，种子会变胖一点。准备好底部有孔的育苗盘或沥水篮子、厚毛巾、喷壶。

2 用清水把厚毛巾淋湿，稍微拧干，把毛巾展开，一半铺在育苗盘底。

3 把浸泡好的绿豆均匀地铺在毛巾上，尽量不要堆叠。

4 用喷壶喷水，把豆子喷湿。

5 用另一半毛巾盖住豆子。

白白胖胖的绿豆芽，好像在向你招手呢！

私家秘方

- 种植难度　超简单
- 种植季节　一年四季
- 收获时间　5~7 天
- 收获方式　一次收获
- 光线要求　全程遮光
- 浇水要点　每天用清水冲淋 2~3 次，斜着盘子控一下水，挤压毛巾边，把边上的水挤掉，避免滴水

养护要点

- 把盘子放到完全黑暗的地方，建议把盘子放到大的纸箱里，盖上盖子，也可以用黑色塑料袋等遮光，要保证遮盖物不透光。
- 每天晚上可以把纸箱打开，给豆子们透透气。

6 毛巾要是大了，可以把边稍微折一下。

7 再用喷壶喷水，喷到整条毛巾都湿润。

绿豆芽生长过程

1 天后

· 豆子发芽了，长出小小的尾巴。
· 此时要注意：冲淋清水时，水开小一点，避免把豆子冲得不均匀。

绿豆芽从播种到收获一般需要 1 周。

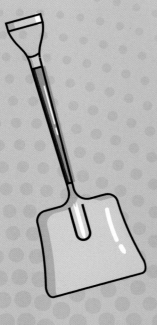

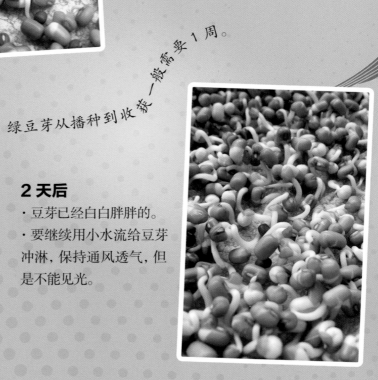

2 天后

· 豆芽已经白白胖胖的。
· 要继续用小水流给豆芽冲淋，保持通风透气，但是不能见光。

3 天后

· 豆芽的生长速度逐渐加快。

· 继续遮光、淋水、透气。

6 天后

· 胖胖的豆芽长成了，到了收获的时候，直接连根拔起就好啦。

炝炒绿豆芽是超级棒的下饭菜!

小麦苗

小麦苗是可供猫咪食用的植物。小麦苗纤细又茂密,看上去一片生机勃勃,还是阳台上很棒的装饰品呢!

小麦种子

1 将种子放入容器内,加入 2~3 倍的清水浸泡,夏季浸泡 10~16 小时,冬季浸泡 20~24 小时,中间淘洗换水 1~2 次,一般发现水稍微浑浊就要换水了。

2 准备好底部有孔的塑料篮子、纸巾、喷壶和浸泡好的种子。

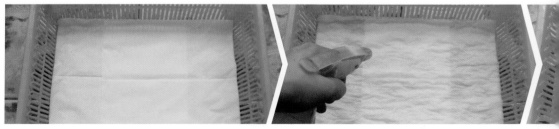

3 在篮子里垫上 2~3 张纸巾。

4 先把纸巾喷湿,这样待会儿放种子的时候,纸巾就不会乱跑了。

都郁葱葱的小麦苗，给家里增添了一抹绿色。

私家秘方

■ **种植难度**　超简单

■ **种植季节**　一年四季

■ **收获时间**　8~10 天

■ **收获方式**　苗高 10~12 厘米时采收，多次收获

■ **光线要求**　前期遮光，苗高 4~6 厘米时，在室内见散射光

■ **浇水要点**　喷水次数没有严格限制，一天 2~3 次，以保持纸巾和种子潮湿为准。喷水时要让纸巾湿透，然后把多余的积水倒掉

养护要点

■ 把篮子放到完全黑暗的地方进行催芽，可以把篮子放到大的纸箱里，盖上盖子；也可以找黑色袋子、报纸等把篮子直接盖上，盖的东西稍微厚点，防止透光。

■ 播种以后到见光之前，每天晚上把篮子从纸箱里拿出来，或者把篮子上盖的东西揭开，透气 1~3 次，每次 5~10 分钟。

5 将浸泡好的小麦种子均匀地铺在纸巾上。

6 再给种子们喷上水。

小麦苗生长过程

1 天后
· 小麦发芽很快，半天左右就出根了，记住要喷水、透气。
· 1 天后根已经长得很长了，继续遮光、喷水、透气。

小麦苗从播种到收获一般需要 1 周以上。

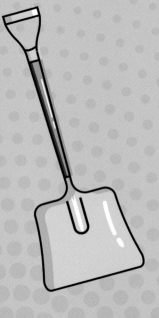

2 天后
· 小麦的根越来越长。
· 仔细看，也许会发现根上长有细密的绒毛。别担心，这可不是发霉了。这是个好现象，说明你湿度控制得刚刚好。
· 仍然要注意遮光、喷水、透气。

4 天后

· 小麦抽出了嫩嫩的茎，根系也已经长得很发达了。

· 仍然要注意遮光、喷水、透气。

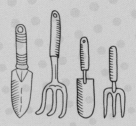

5 天后

· 叶子悄悄露出了头，此时苗高4~6厘米。

· 小苗可以从黑屋里出来迎接"光明"了，但要继续喷水。

8 天后

· 小苗已经长到10~12厘米高，叶子也变得绿油油的，拿起剪刀准备收获啦。

· 收获的时候，从种子以上2~3厘米处剪下，继续浇水，还会再长哦。大概可以收3次。

油葵苗

用于榨油的向日葵种子就是油葵，其含有很多人体所需的维生素。油葵苗是营养价值非常高的芽苗菜，凉拌或是炒着吃都好吃。烹饪时不要放太多调料，以保留淡淡的葵花籽的清香。

油葵种子

1 用清水浸泡种子，水量是种子的 2~3 倍，夏季浸泡 10~16 小时，冬季浸泡 20~24 小时，发现水浑浊时，要淘洗换水，其间需换水 1~2 次。

2 准备好底部有孔的塑料盘子、纸巾、喷壶和浸泡好的种子。

3 将纸巾垫在盘子里。

4 用喷壶把纸巾喷湿。

从播种到收获，十几天就可以完成啦！

私家秘方

- 种植难度 超简单
- 种植季节 一年四季
- 收获时间 10~14 天
- 收获方式 平均苗高 10 厘米左右时采收，一次收获
- 光线要求 前期遮光，苗高 3~6 厘米时，在室内见散射光
- 浇水要点 喷水次数没有严格限制，一天 2~3 次，以保持纸巾和种子潮湿为准。喷水时要让纸巾湿透，然后把多余的积水倒掉

养护要点

- 把盘子放到完全黑暗的地方进行催芽，可以放到大的纸箱里，盖上盖子；也可以用黑袋子、报纸等把盘子直接盖上，最好盖得厚一点，防止透光。
- 播种以后到见光之前，每天把盘子从纸箱里拿出来，或者把盘子上盖的东西揭开，透气 1~3 次，每次 5~10 分钟。

5 将浸泡好的油葵均匀地铺在纸巾上。

6 再用喷壶把种子喷湿。

油葵苗生长过程

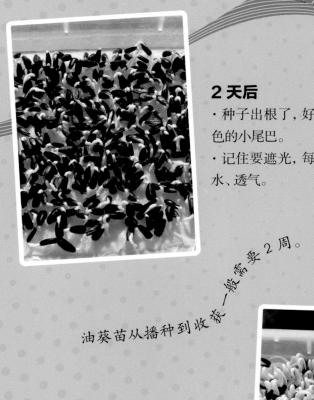

2 天后
· 种子出根了，好像白色的小尾巴。
· 记住要遮光，每天喷水、透气。

油葵苗从播种到收获一般需要 2 周。

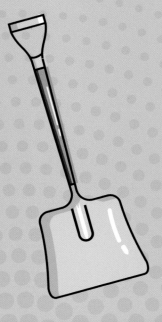

5 天后
· 嫩芽努力地"顶破"瓜子壳。
· 继续遮光、喷水、透气。

7 天后

· 大部分嫩芽已经摆脱
了瓜子壳的束缚，平均
"身高"长到 5 厘米。
· 这时可以出来见光了，
继续喷水。

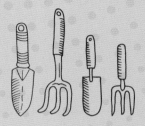

9 天后

· 小苗越发可爱，好像张着小嘴要水喝，
那就给它们喝饱水吧！

12 天后

· 小苗们平均高度有 10 厘米了，叶子
胖胖地舒展开来，可以采收啦。

萝卜苗

　　要种好萝卜苗，浇水是关键，需要每天喷水，但是又不能让它的叶子积水，不然的话，小叶子容易变黑，所以要从侧面喷水。掌握了这个诀窍，想吃到可口的萝卜苗，就一点都不难啦！

萝卜种子

1 找一个大碗，盛上水，将种子浸泡，水量是种子的2~3倍。春、夏时节气温高，1~6小时就泡好了；秋、冬时节气温低，需要泡6~12小时。当看见种子颜色变淡、身体变胖，说明种子已经吸饱水了。若水浑浊时，要淘洗并换水。

2 准备好育苗盘；也可以用底部有孔的容器，比如沥水篮子；还可以用豆腐盒、饼干盒，洗干净后在底部扎些孔。

3 在盘里铺2~3张纸巾。

4 用喷壶把纸巾喷湿。

萝卜苗浇水很有讲究，
尽量从侧面浇

私家秘方

- **种植难度**　超简单
- **种植季节**　一年四季
- **收获时间**　7~10 天
- **收获方式**　苗高 8~10 厘米时采收，一次收获
- **光线要求**　前期遮光，苗高 2~4 厘米时，在室内见散射光
- **浇水要点**　喷水次数没有严格限制，一天 2~3 次，以保持纸巾和种子潮湿为准。喷水时要让纸巾湿透，然后把多余的积水倒掉

养护要点

- 把盘子放到完全黑暗的地方进行催芽。可以用黑色塑料袋、报纸等把盘子直接盖上，也可以把盘子放到大箱子里盖上盖子，总之不能透光。
- 见光之前，每天把盘子从纸箱里拿出来或把盘子上盖的东西揭开，透气 1~3 次，每次 5~10 分钟。

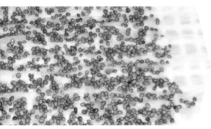

5 接下来就要放种子了，放种子时注意不要堆叠，也不要一边很密集，另一边很稀疏，越均匀越好。

萝卜苗生长过程

1~2 天后

· 种子发芽了，记住每天喷水、透气。

· 根是白色的，上面有小绒毛，这是根毛，不是发霉，是正常的，说明湿度掌握得好。

· 发芽后最好从侧面喷水，叶子上要是有积水的话容易变黑。

萝卜苗从播种到收获一般需要1周以上。

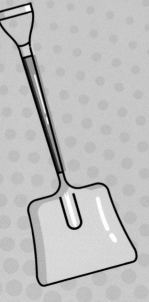

3~4 天后

· 小苗长到2~4厘米高。

· 把盘子从纸箱里拿出来，或者把表面盖的东西揭开。

· 继续每天从侧面喷水。

· 放在有散射光的地方。直接晒太阳或者光线太强的话，小苗容易变老。

5~6 天后

· 小苗长到 6~8 厘米高。

· 继续每天从侧面喷水。

7~9 天后

· 小苗长到 8~10 厘米高, 叶子也变绿了, 可以吃啦!

· 用剪刀从根部以上剪下来就好。

萝卜苗有点苦和辣, 有浓浓的萝卜味。如果吃不惯这种苦味和辣味, 可以在吃之前用水焯一下, 能去除一些苦味和辣味。

香椿苗

　　香椿苗独特的味道受到很多人的喜爱。只要一包种子，自己就可以种出纯天然的香椿苗。和香椿芽比起来，香椿苗的味道会淡一点，但更加清香，不喜欢香椿芽味道的朋友也可以一试。香椿种子怕热，建议大家放冰箱冷藏室保存。

香椿种子

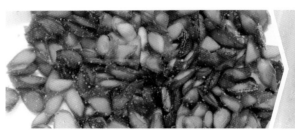

1 用清水浸泡种子，水量是种子的 2~3 倍，夏天浸泡 10~16 小时，冬天浸泡 20~24 小时。香椿种子油性比较大，水容易发黏，所以最初的几个小时内要多换几次水，淘洗种子。

2 准备一个鸡蛋盒的盖子，用剪刀在底部扎几个孔，当然也可以选择其他容器，底部要有孔。

3 在盘里垫 2 张纸巾。

4 在纸巾上铺厚约 1 厘米的珍珠岩。

5 用喷壶把珍珠岩和纸巾喷湿。

你能尝出香椿苗和香椿芽的味道有什么不一样吗?

私家秘方

■ **种植难度** 较简单

■ **种植季节** 一年四季

■ **收获时间** 15~22 天

■ **收获方式** 苗高 10~12 厘米时采收,一次收获

■ **光线要求** 前期遮光,苗高 6~8 厘米时,在室内见散射光

■ **浇水要点** 喷水次数没有严格限制,一天 2~3 次,保持纸巾和珍珠岩潮湿。喷水时让珍珠岩和纸巾湿透

养护要点

■ 把盘子放到黑暗的地方进行催芽,防止透光。

■ 见光之前,每天揭开保鲜膜,透气 1~3 次,每次 5~10 分钟。

■ 香椿苗发芽慢,苗细,用珍珠岩来发芽,根能扎得更稳。香椿种子上盖保鲜膜是为了起到保湿作用。

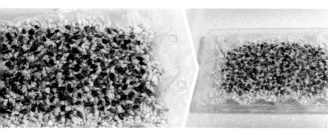

6 将浸泡好的种子均匀地铺在珍珠岩上,不要堆叠。

7 容器表面盖一层保鲜膜,保鲜膜上用牙签多戳些孔,方便种子透气。

香椿苗生长过程

3~4 天后

香椿发芽比较慢，要保持好湿度，耐心等待。刚开始长根时，记住每天遮光、喷水、透气。

香椿从播种到收获需要2周以上。

5~6 天后

大部分种子出根了。要继续遮光、喷水、透气。

9 天后

小苗平均高度长到6厘米，这时可以见光了。继续喷水，喷水的时候顺便把没有发芽的"死种"拣出来扔掉。

12 天后

小苗平均高度大概10厘米，小叶子从种皮里挣脱出大半，有个别已经张开了"嘴"。还是要注意喷水和透气。

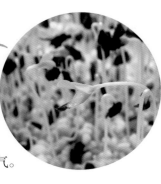

16 天后

叶子展开并变绿了，准备采收。用剪刀从根部以上剪下来就可以了！

香椿毛籽的处理方法

如果你买到的是香椿毛籽，即种子上带着一片翅膜，像尾巴一样的，就要先去掉种翅。方法如下：

1. 将香椿毛籽装入塑料袋或者布袋里，并将香椿毛籽里混着的小木棍等杂质挑出来，以免扎手。

2. 把袋口系上。

3. 双手像搓衣服一样，揉搓袋子里的种子，揉搓3~5分钟。

4. 打开袋子，把搓好的种子和翅膜的混合物放在手心。

5. 将混合物从一个手心往另外一个手心慢慢地倒，一边倒一边用嘴轻轻地吹（往口袋里吹气，这样翅膜都掉进袋里，就不会满屋子乱飞了）。

6. 反复几次后，翅膜被吹走，手心里剩下的就是香椿净子了。

黄豆芽

　　黄豆芽是家里常吃的芽苗菜，其实自己种比去菜市场买还方便呢！正好家里有个玻璃瓶闲置了好久，没什么用处，放着还占地方，干脆就用它来发黄豆芽吧！

黄豆种子

1 准备一个大玻璃瓶、纱布、几根橡皮筋。

2 将浸泡好的黄豆连同水一起倒进大玻璃瓶中，种子厚度大概是瓶高的1/6。

3 纱布对折2次(折成4层)盖住瓶口，用橡皮筋将纱布箍在瓶口上。

4 把瓶子里的水倒掉。

5 另外准备一个盘子，把玻璃瓶倒放在盘子里，瓶口处用瓶盖垫一下，让瓶子倾斜，有利于透气，让种子呼吸。

6 用纸箱倒扣住瓶子和盘子。

泡发黄豆芽真的不难,赶快亲自试一试吧!

私家秘方

- 种植难度　较简单
- 种植季节　一年四季
- 收获时间　5~7 天
- 收获方式　一次收获
- 光线要求　全程遮光
- 浇水要点　每天用清水冲淋 2~3 次,然后把多余的积水倒掉

养护要点

- 在豆芽生长的过程中,每天晚上把纸箱打开,给豆子们透透气。这时你会发现,豆子们天天都有新变化。

7 每天往玻璃瓶里冲淋清水 2~3 次,把水倒掉,再倒着放回纸箱里的盘子上,尽量不让种子见光。

8 豆芽越来越茂密,长满了整个玻璃瓶。

用茶壶培育

除了用玻璃瓶，还可以用茶壶来发黄豆芽，大家不妨试一试。

1

用清水浸泡种子 16~20 小时，水量是种子的 2~3 倍，看到水浑浊的话，就要尽快换水，其间大概需要淘洗换水 1~2 次。种子吸饱水后，身材"发福"喽，变得鼓鼓的。

2

将浸泡好的黄豆倒进大茶壶中。1 升左右的茶壶，约放入泡发种子 50 克。

3

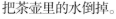

盖上壶盖。

4

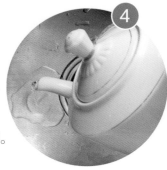

把茶壶里的水倒掉。

发黄豆芽要选用优质小黄豆做种子，在专门卖种子的地方或者网上可以买到。一般菜市场买来的黄豆发豆芽的效果不大理想，且容易腐烂。本页的方法也可用于发绿豆芽。

养护要点

1. 每天往茶壶里冲淋清水 2~3 次，然后把水倒掉。

2. 茶壶本身的遮光性就很好，但也要注意尽量避光。若见光，豆瓣会变绿，味道会发苦。

茶壶中的黄豆芽生长过程

1 天后

豆子们长出了小尾巴，瞧，多可爱呀！记得往茶壶中冲淋清水，然后把水倒掉。

茶壶中的黄豆芽从播种到收获一般需要1周。

3 天后

淋水的时候看见豆芽们，尾巴越来越长啦，我开心得嘴都合不上了，哈哈。记得茶壶盖子要盖上哦。

5 天后

豆芽们又长大了很多，长了满满的一茶壶。继续淋水、遮光。

6 天后

终于可以收获了。采收的时候要注意，茶壶口一般不大，采收时要轻轻地把豆芽拉出来，不然容易折断。

水开后下入黄豆芽煮2~3分钟，然后再下入肉丸子煮熟即可，这样汤里有浓浓的豆香。

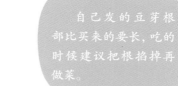

自己发的豆芽根部比买来的要长，吃的时候建议把根掐掉再做菜。

苜蓿苗

　　记得第一次吃苜蓿苗沙拉，清香脆嫩，味道很好。当时看着小苗上顶着的种皮觉得特别像芝麻，感觉很新奇，后来才知道这是苜蓿。也有人把苜蓿种在土里，长大以后掐嫩叶和尖，炒着吃或拌着吃，还可以做馅儿。

苜蓿种子

1 用清水浸泡种子 6~10 小时，水量是种子的 2~3 倍，中间淘洗换水 1~2 次，一般发现水稍微浑浊就要换水了。

2 准备好底部有孔的育苗盘。

3 在盘里垫上 2~3 张纸巾。

4 把纸巾喷湿，这样纸巾就不会乱跑，方便铺种子。

自己种的苜蓿苗，更是别有一番风味。

私家秘方

- **种植难度**　较简单
- **种植季节**　一年四季
- **收获时间**　6~8 天
- **收获方式**　苗高 4~6 厘米时采收，一次收获
- **光线要求**　前期遮光，苗高2~3 厘米时，在室内可见散射光
- **浇水要点**　喷水次数没有严格限制，一天 2~3 次，以保持纸巾和种子潮湿为准。喷水时要让纸巾湿透，然后把多余的积水倒掉

养护要点

- 要放在黑暗的地方催芽，建议把盘子放到大的纸箱里，盖上盖子。也可以用黑袋子、报纸等把盘子直接盖上，盖的东西稍微厚点，防止透光。
- 播种以后到见光之前，每天把盘子从纸箱里拿出来，或者把盘子上盖的东西揭开，透气 1~3次，每次半小时左右。

5 将浸泡好的种子均匀地铺在纸巾上。苜蓿种子小，铺的时候尽量做到均匀、不堆叠。

苜蓿苗生长过程

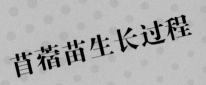

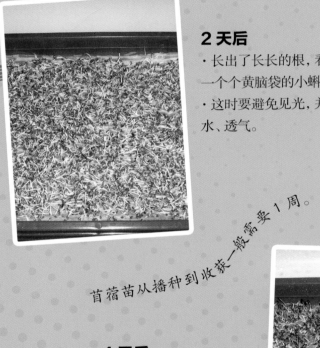

2 天后

· 长出了长长的根, 看起来就像一个个黄脑袋的小蝌蚪。

· 这时要避免见光, 并且每天喷水、透气。

苜蓿苗从播种到收获一般需要 1 周。

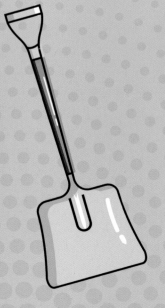

4 天后

· 小苗 2~3 厘米高了。

· 可以让它们见散射光了, 同时还要继续喷水。

5 天后

· 见光后的小苗，叶子开始
逐渐变绿。

· 需要继续喷水。

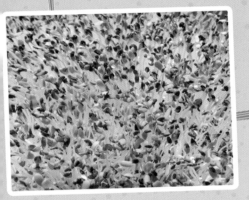

6天后

· 部分嫩芽展开，种皮脱落了。

· 不要忘了喷水。

7 天后

· 大部分叶子展开，已经长成了一片
绿油油的小苗，可以收获啦。摘下来
无论是拌着吃还是夹在三明治里吃，
都很美味。

菜农小贴士

1 需要准备的东西: 种子、喷壶、容器、纸巾。

2 浸泡种子的话, 天暖的时候用自来水, 天冷的时候用温水, 不要用烫手的水, 可能会把种子烫坏。夏天气温高, 种子适当铺得稀疏一点, 避免烂种。

3 容器下面可以垫一个盘子或者塑料袋, 避免滴水把桌面或者地板弄脏。

4 喷水的时候尽量把纸巾和种子喷湿, 只要容器内没有流动的水就可以。

催芽期要避光, 最好是扣在大的纸箱下。

5

6

每天要打开箱子通风透气, 房间如果通风不好的话可以用电扇吹一会儿。

菜苗见光以后, 因为没有盖东西, 水分蒸发会很快, 气候比较干燥或者白天上班无法喷水的话, 在保持湿度上就要更加注意。种子下面的纸巾可以多铺两张, 或者找个大的透明袋把容器罩上, 留出透气口, 别罩严, 最好用筷子或者竹签从口袋内部撑起来, 避免口袋压在小苗上, 上班前喷好水, 就不用担心了。

7

8

收割要及时, 别舍不得, 晚了芽苗会老的, 影响口感。芽苗菜吃的就是一个新鲜, 建议使用简单的方式烹饪, 保留它们的原味和营养。

蔬菜

种子

植株

修剪

花盆

幼苗

第三章
叶子菜，收成好

绿叶菜也是家里常吃的蔬菜，自己种植，不使用化肥和农药，真正的纯天然、无污染。而且，很多叶子菜能连续吃很久，一边掰下叶子吃掉，一边还会继续长新叶，是自家种菜中收成较好的蔬菜！

大叶茼蒿

大叶茼蒿，喜冷凉，较耐寒，在 10~30℃的环境中都能生长，以 15~20℃最为适宜；喜湿润；对日照要求不严，能晒到半天的太阳就可以了。最好避免高温种植，北方在春、秋气候凉爽时种植比较合适，如果冬天家里有暖气，温度在 18℃左右也可以种植；南方的话，除了夏天，春、秋、冬都可以种植。

大叶茼蒿种子

1 用清水浸泡种子 6~8 小时，让种子先喝饱水。

2 往花盆里装少量土并轻轻压实，在接近盆底处施适量底肥，用麻酱渣或发酵鸡粪都可以，然后填土到八九分满。

3 浇透水，直到盆底的孔有水流出来，用手将土面整理平。

4 用小尖铲子在土面轻轻压出几条小沟，间距 5 厘米左右。

5 在小沟中，每隔 5 厘米左右放入 2~3 粒泡好的种子。

大叶茼蒿喜冷凉,不适合夏季种植。

私家秘方

- 种植难度　超简单
- 种植季节　春、秋、冬
- 播种间距　5 厘米左右
- 收获时间　播种后 40~50 天
- 收获方式　多次收获
- 浇水要点　表土颜色变浅、用手摸上去不湿、略有潮气、盆的重量明显变轻的时候就需要浇水,每次浇水要浇透,浇到盆底的孔有水流出为止

养护要点

- 播种完把盆放在阴凉的地方,每天给表土喷喷水。
- 不要用瓶子或者盆盛水来浇,水流太大容易把种子冲离原位,或者冲到更深的土层里,影响种子发芽。
- 小苗生长时要控制浇水,多晒太阳,尤其是在出苗后不久,这时要减少浇水,表土不干不浇,否则容易长得又细又高,这种现象叫"徒长"。如果已经徒长了,可以在靠近根部的地方补土,把苗扶起来,同时控制浇水,多晒太阳,这样就可以控制徒长的趋势了。

6 覆上薄土,大概 0.5 厘米厚。给种子盖好土,可起到遮光保湿的作用。

7 用喷壶把表层土喷湿,播种就完成了。把花盆放到阴凉的地方等待发芽吧。

大叶茼蒿生长过程

1 周后

·种子发芽了。

·发芽后要注意，表土干了再浇水，每次浇水要浇到盆底的孔有水流出为止。

·把盆搬到阳光充足的地方。

大叶茼蒿从播种到收获一般需要 7 周。

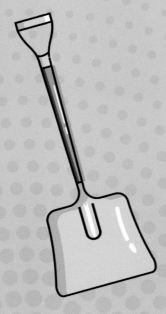

2 周后

·长出了可爱的小叶子。

·浇水还是要注意，表土不干不浇，浇则浇透。

·继续晒太阳。

·可适当追加稀肥，可以用发酵后的麻酱渣水或淘米水，兑水稀释 20~30 倍使用。

3 周后

· 叶子明显长大了不少。

· 此后每次浇水时都可以追少量肥，薄肥勤施。

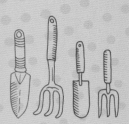

4 周后

· 长势不错。

· 小菜们争抢阳光，下面抢不到阳光的，容易烂叶，可以先把长大的拔了吃掉，或把大叶子摘了吃掉，改善一下光照和通风条件，让小的继续生长。

7 周后

· 可以收获了，准备动手吧！

· 连根拔起或者用剪刀从根部以上剪下来。想多次收获，可只采摘嫩梢或叶子吃，剩下部分可以继续长。采摘后追一次浓些的肥，如发酵后的麻酱渣水，兑10倍左右水使用，多补充些营养。

奶油生菜

奶油生菜，喜冷凉，不耐热，种子在4℃就开始缓慢发芽，发芽适宜温度为15~20℃，25℃以上发芽不良，30℃以上很少发芽。生长适宜温度为12~20℃，温度过高，容易抽薹开花。喜湿润；对日照要求不严，一般能晒到半天阳光就可以了。

奶油生菜种子

1 播种前把种子用水浸泡一晚上，让种子先吸饱水，发芽会更快。

2 先往泡沫箱里填3~4厘米厚的土，并且把土轻轻压实，然后撒上一层肥料，经过腐熟的麻酱渣、发酵鸡粪、各种饼肥等均可。

3 之后继续填土并轻轻地压实，直到距离箱口3~5厘米处。浇水要浇到箱底的孔有水流出来，然后把托盘里的水倒掉，把土压平整。

4 按照前后左右10厘米的间距用手或者小尖铲子在土上划出小方格。

采摘的时候要记得从外往里掰叶子哦, 剩余部分还可以继续生长。

私家秘方

- 种植难度 超简单
- 种植季节 春、秋
- 播种间距 10厘米左右
- 收获时间 播种后30~40天
- 收获方式 多次收获
- 浇水要点 表土颜色变浅、用手摸上去不湿、略有潮气、泡沫箱的重量明显变轻的时候就需要浇水, 每次浇水要浇透, 浇到箱底的孔有水流出为止

养护要点

- 播种后别直接晒太阳, 土晒热了种子会闷坏的。
- 播种以后到发芽之前, 要保持土壤潮湿, 每天用喷壶给土喷水。
- 不要用瓶子或者盆盛水来浇, 否则容易把种子冲离原来的位置, 或者冲到更深的土层里, 影响种子发芽。

5 每个方格里放1~2粒泡好的种子。

6 给种子覆上0.5厘米厚的土, 用喷壶将表面盖的土喷湿, 然后把泡沫箱放到阴凉的地方等待发芽吧。

奶油生菜生长过程

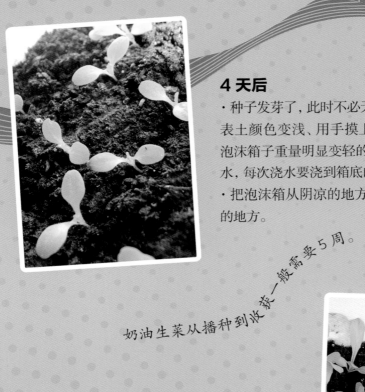

4 天后

· 种子发芽了, 此时不必天天浇水, 看到表土颜色变浅、用手摸上去没有潮气、泡沫箱子重量明显变轻的时候才需要浇水, 每次浇水要浇到箱底的孔有水流出。

· 把泡沫箱从阴凉的地方搬到阳光充足的地方。

奶油生菜从播种到收获一般需要5周。

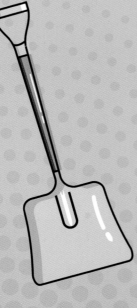

1 周后

· 叶片已经舒展开来, 很像展开的两片太阳能接收板, 努力地接收着太阳公公散发的能量。

· 种得有点密的话, 此时可以间一次苗, 留下壮实的小苗, 把瘦弱的拔掉先吃了。

2 周后

· 小叶子接二连三地长出来。

· 浇水要注意,无须天天浇水,看到表土颜色变浅、用手摸上去没有潮气、泡沫箱子重量明显变轻的时候才需要浇水,每次浇水要浇到箱底的孔有水流出。

· 尽量让它们接触充足的阳光。

3 周后

· 苗苗们越长越快,一天一个样。

· 浇水原则同上。

· 让它们多晒太阳。

5 周后

· 菜叶已经长得很密了,赶快动手采摘吧,不要等它们长老了。采摘的时候可以从外层掰叶子,中间的心留着,还会继续生长呢。

· 采摘后,追一次肥,补充些营养。

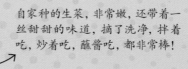

自家种的生菜,非常嫩,还带着一丝甜甜的味道,摘了洗净,拌着吃,炒着吃,蘸酱吃,都非常棒!

水培红薯苗

红薯喜温暖，发芽适宜温度为 20~25℃，温度过低的话，发芽慢；生长适宜温度为 25~30℃；喜阳光。水培红薯苗，只用清水，不加任何营养液，主要靠的是红薯自身的营养。记得每 3~5 天换 1 次水，避免烂根。

私家秘方

- 种植难度　较简单
- 种植季节　春季
- 收获时间　播种后 60~70 天
- 收获方式　多次收获
- 浇水要点　3~5 天换水 1 次

养护要点

- 3~5 天换 1 次水，避免烂根。

收获时间长达两个多月，一定要有耐心哦！

1 准备一个饮料瓶，沿着瓶子上部 1/3 处剪下，再沿着瓶口下沿将瓶口部分剪下。将剪下的瓶子上部倒着放进下部分里。

2 把红薯放进容器里，让它站稳。加自来水，以水面稍微没过红薯最下端为准。然后把瓶子放到黑暗的地方，经常看一下，3~5 天换 1 次水，保持水的高度稍微没过红薯最下端。

3 大概 20 天后，就有根长出来了。

水培红薯苗生长过程

6 周后

红薯上长出了好多的小嫩芽,根部越来越发达。出芽后就可以晒太阳了。3~5天换1次水,水面高度以稍微没过红薯最下端为准。

水培红薯苗从播种到收获一般需要9周。

8 周后

叶子逐渐生长,整个红薯充满了生机。还是3~5天换1次水。

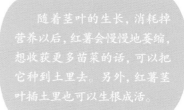

9 周后

红薯苗长得枝繁叶茂,可以动手掐嫩芽嫩叶了。可以掐叶子或者掐尖,红薯苗还会继续长。清洗一下,大火爆炒,加点蒜末和干辣椒,有独特的清香味。

随着茎叶的生长,消耗掉营养以后,红薯会慢慢地萎缩,想收获更多苗菜的话,可以把它种到土里去。另外,红薯茎叶插土里也可以生根成活。

小白菜

小白菜喜冷凉，较耐寒，种子发芽适宜温度为 20~25℃，生长适宜温度为 18~20℃；喜阳光，阳光不足容易徒长；温度在 20℃左右，室内四季都能种植。温度较高时，幼苗靠近土面的茎部容易变细萎缩，苗会倒伏在土面上。该病和土质的关系也很大，如果是外面挖来的土，一定要暴晒杀菌，并且要选用透气性好的土。如果土壤透气性差，且未经过暴晒杀菌处理，土面温度一高，病菌便会大量滋生，首先侵害的就是植株的根部，使根部萎缩，进而造成幼苗倒伏。

小白菜种子

1 准备一个泡沫箱，箱子底部要扎些漏水孔。铺上 3~5 厘米厚的土。

2 施足底肥，麻酱渣、发酵鸡粪都可以。继续往泡沫箱里装土，并轻轻压实，直到八九分满。

3 浇透水，直到箱底的孔有水流出来，用铲子拌一下，可以浇得更均匀。

4 用小尖铲子在土面开两条深 0.5 厘米的沟。

看着小叶子一天天长大,非常有成就感。

私家秘方

- 种植难度　超简单
- 种植季节　春、秋
- 播种间距　5~10 厘米
- 收获时间　播种后 40~50 天
- 收获方式　多次收获
- 浇水要点　表土颜色变浅、用手摸上去不湿、略有潮气、泡沫箱的重量明显变轻的时候就需要浇水。每次浇水要浇透,浇到箱底的孔有水流出为止

养护要点

- 播种后不可晒太阳,土晒热了,种子会闷坏的。
- 播种以后到发芽之前,要保持土壤潮湿,每天用喷壶给土喷水。
- 不要用瓶子或者盆盛水来浇,否则容易把种子冲离原来的位置,或者冲到更深的土层里,影响种子发芽。

5 把小白菜种子轻轻地、均匀地撒在浅沟里。

6 用小尖铲子拨土把种子埋好。用喷壶再喷点水,播种完成。

小白菜生长过程

4 天后

· 种子发芽了。可多晒太阳。

· 浇水要注意，看到表土颜色变浅、泡沫箱重量明显变轻的时候需要浇水，每次浇水要浇到箱底的孔有水流出为止。

小白菜从播种到收获一般需要 6 周。

1 周后

· 大部分种子发芽，小苗渐渐长高。

· 此后每次浇水，都可以追稀肥，薄肥勤施，发酵的麻酱渣水，取上层清液，兑 20 倍水就可以了。

2 周后

· 长出了第一对真叶。

· 多晒太阳，薄肥勤施。

· 浇水要注意，无须天天浇水，看到表土颜色变浅、用手摸上去没有潮气、泡沫箱子重量明显变轻的时候才需要浇水，每次浇水要浇到箱底的孔有水流出。

4 周后

· 长势良好，只是笔者贪心，种得太密了。

· 大叶子遮住阳光，下面的小苗生长缓慢，所以要适当间苗，拔掉一些弱小的，保持间距和良好的通风。

6 周后

· 采收时，用剪刀把菜叶剪下来，留着嫩芽，好让植株继续生长。

· 采收后，可追一次稍浓的肥补充些营养。只要不开花就能一直采收。

菜园里有可能会出现一些小虫子，如果发现它们，要及时清除，不然菜可要遭殃啦。

小油菜

　　小油菜喜冷凉，较耐寒，发芽适宜温度为 20~25℃，生长适宜温度为
10~20℃；南方春、秋、冬都能种植，北方春、秋种植，若冬天有暖气，阳台
温度在 15℃左右也可以种植。

小油菜种子

1 在盆底铺少量土，施足底肥，麻酱渣和发酵
鸡粪都可以。继续往盆里装土，并轻轻地压
实，装到盆八九分满。

2 浇透水，直到盆底的孔有水流出来，
并将土面整理平。

3 用手将种子均匀地撒在土里。

4 再盖上薄薄一层土，约 0.5 厘米厚。

嫩嫩的小油菜,真想现在就咬上一口啊!

私家秘方

- ■ **种植难度** 超简单
- ■ **种植季节** 春、秋、冬
- ■ **播种间距** 10 厘米左右
- ■ **收获时间** 播种后 35~40 天
- ■ **收获方式** 多次收获
- ■ **浇水要点** 表土颜色变浅、用手摸上去不湿、略有潮气、盆的重量明显变轻的时候就需要浇水,每次浇水要浇透,浇到盆底的孔有水流出为止

养护要点

- ■ 刚播种完不要放在太阳底下,温度过高不利于发芽。
- ■ 播种以后到发芽之前,要保持土壤潮湿,每天用喷壶给土喷水。
- ■ 不要用瓶子或者盆盛水来浇,否则容易把种子冲离原来的位置,或者冲到更深的土层里,影响种子发芽。

5 用喷壶把盖上的土喷湿。

6 在小标签上写上播种日期和品种,插进花盆里。

小油菜生长过程

7 天后
· 种子发芽了。
· 浇水的时候要注意,
不要把小苗冲跑了。

小油菜从播种到收获一般需要6周。

3 周后
· 小芽舒展开了, 肥肥的, 绿绿的。
· 多晒太阳。
· 出苗后, 看到表土干了, 就浇水,
浇到容器底部的孔有水流出为止。
· 土不干不浇, 不然容易徒长。

4 周后

· 叶片长出来了。

· 此时可适当间苗, 拔掉瘦弱的, 留下壮实的, 使每株苗间距 10 厘米左右。

5 周后

· 长得非常茂盛, 满盆绿绿的, 很有朝气。

· 可追施一次稀肥, 发酵的麻酱渣水, 取上层清液, 兑 20 倍水稀释后使用。

6 周后

· 小油菜长出 3~4 片真叶了, 这时候是最嫩的, 可以采收了。

· 采收时直接连根拔起。吃的时候, 去掉根须。

种得太密了, 叶子间通风不好, 只好一次都收了, 吃一顿也不错。如果种得稀疏, 可以等它们长成大棵的小油菜再吃, 不过时间大概要 2 个月, 要有耐心。

苦苣

苦苣喜冷凉,较耐寒,种子4℃左右开始缓慢发芽,发芽适宜温度为15~20℃,30℃以上几乎不发芽,生长适宜温度为15~20℃;喜湿润;喜阳光。

苦苣种子

1 在扎好孔的泡沫箱底铺薄土,施足底肥,麻酱渣、发酵鸡粪都可以。

2 继续装土并轻轻压实,直到八九分满。

3 浇透水,直到底部的孔有水流出来,并将土面整理平。

4 将种子均匀地撒在土里。

苦苣是大拌菜里非常受欢迎的一种食材。

私家秘方

- 种植难度　超简单
- 种植季节　春、秋
- 播种间距　5~10 厘米
- 收获时间　播种后 50~60 天
- 收获方式　多次收获
- 浇水要点　表土颜色变浅、用手摸上去不湿、略有潮气、泡沫箱的重量明显变轻的时候就需要浇水，每次浇水要浇透，浇到箱底的孔有水流出为止

养护要点

- 发芽前不要放在太阳底下，种子在这个时候不能受热。
- 播种以后到发芽之前，要保持土壤潮湿，每天用喷壶给土喷水。
- 不要用瓶子或者盆盛水来浇，否则容易把种子冲离原来的位置，或者冲到更深的土层里，影响种子发芽。

5 再盖上薄薄一层土，约 0.5 厘米厚。

6 用喷壶把盖上的土喷湿。

苦苣生长过程

1 周后

· 种子发芽了。

· 浇水要注意，看到表土颜色变浅、用手摸上去没有潮气、泡沫箱子重量明显变轻的时候才需要浇水，每次浇水要浇到箱底的孔有水流出，不能频繁喷水。

苦苣从播种到收获一般需要 8 周。

3 周后

· 长出一对对小叶子了。

· 这时要让它们多晒太阳。

· 浇水原则同前。

5 周后

· 叶子一天天长大,已经长到
7~10 厘米高了。

· 这时开始每周浇一次稀释后
的麻酱渣发酵成的液体肥。

7 周后

· 叶子长得密密的,轻轻把苦苣扒开看
看,把长在下面见不到光、长得不好的
弱苗拔掉。

8 周后

· 可以收获啦!

· 想多次收获的话,掰外层的叶子吃,
留着嫩芽,追一次稍微浓点的肥,还
可以继续长。

将叶子清洗一下,再配上适量的
樱桃小萝卜片,浇上糖、醋、盐调
成的汁,爽口的凉拌菜就做好了。

空心菜

空心菜喜温暖潮湿，耐热，不耐寒，种子15℃左右开始缓慢发芽，发芽适宜温度为28℃左右，低于10℃不发芽；生长适宜温度为25~30℃，15℃以下生长缓慢，10℃以下停止生长，能耐35~40℃的高温；短日照下容易开花。

空心菜种子

1 在正式播种之前可以先催芽，这样比较容易发芽。将种子用清水浸泡16~20小时，中间最好淘洗换水2~3次，发现种皮鼓胀，出现裂纹，就表示泡好了。

2 找一块纱布，用水淋湿后稍微拧干，用它把泡好的种子包起来，放到杯子或碗里，再放到黑暗的地方进行催芽。

3 每天晚上拿出来透透气，并淋少量水保持湿润。大约2天后，种子就会长出根来。

4 在盆里铺些底土，施足底肥，麻酱渣、发酵鸡粪都可以。继续装土并轻轻压实，直到盆八九分满。

5 浇透水，直到盆底的孔有水流出来，将土面稍微整理平。

6 用小尖铲子在土面开2条1厘米左右深的小沟。

尽量先采摘叶尖，
这样可以多次收获

私家秘方

- 种植难度　超简单
- 种植季节　夏季
- 播种间距　5~10 厘米
- 收获时间　播种后 30~40 天
- 收获方式　多次收获
- 浇水要点　表土颜色变浅、用手摸上去不湿、略有潮气、盆的重量明显变轻的时候就需要浇水，每次浇水要浇透，浇到盆底的孔有水流出为止

养护要点

- 播种完成，把花盆放到阴凉的地方等待发芽，别直接晒太阳。
- 每天用喷壶给土喷水，别直接浇水，水流太大容易把种子冲跑。

7 往小沟里放入催好芽的种子，间距 5 厘米左右。

8 用小尖铲子给种子盖好土。

空心菜生长过程

空心菜喜高温多湿环境，北方夏季高温、干燥，平时可以给空心菜多喷水，提高周围湿度。

2 天后

· 经过催芽后，种子很快就发芽了。
· 夏季种空心菜要保持土壤湿润，表土不是很湿了就需要浇水。

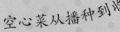

空心菜从播种到收获一般需要 5 周。

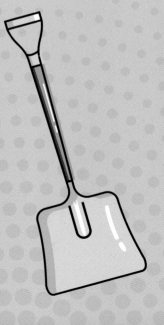

1 周后

· 小叶子长出来了。
· 可以将其从阴凉处移到有阳光的地方。
· 千万记得要浇水。

3 周后

· 小叶子越长越多，大概有 4~5 片了。

· 这时开始每周浇一次稀释后的麻酱渣发酵成的液体肥。

5 周后

· 长到大约 20 厘米高，就可以收获了。

· 摘尖吃，留下苗桩，还会继续长的。

蒜香空心菜，大火爆炒，保留了菜的清香和爽脆口感，很适合夏天吃。

韭菜

　　韭菜，多年生，喜冷凉，不耐高温。发芽适宜温度为 15~18℃，生长适宜温度为 12~23℃。韭菜喜阴，最好是早、晚晒太阳。春天播种发芽后，长得慢，尤其进入夏天后，几乎不长了，此时最好放在凉快的地方。秋天凉快了又开始长，可收获 1~2 次。冬天阳台温度 10℃ 左右，叶子有点打蔫，浇水要注意，无须天天浇水。第二年春天，很快就出叶子了，长得很快，春天到初夏，可收获 3~4 次，每次间隔 20 天左右。所以，种韭菜要有耐心，第一年播种长得慢，以后 4~5 年都能收获。

韭菜种子

1 准备一个育苗穴盘，也可以用第一章讲到的酸奶盒做育苗盒（见第 20 页），将营养土装入育苗盘里。

2 用手把土轻轻地压实，一直装到土面距离盘缘大约 1 厘米处。

3 浇透水，直到底部的孔有水流出为止。

4 可以用小尖铲子拌一下土，会浇得更均匀。

用剪刀从根部以上3-5厘米处剪下,剩下的还会继续长。

私家秘方

- 种植难度 较简单
- 种植季节 春、秋
- 播种间距 5~10 厘米
- 收获时间 播种后 20 周左右
- 收获方式 多次收获
- 浇水要点 表土颜色变浅、用手摸上去不湿、略有潮气、盆的重量明显变轻的时候就需要浇水,每次浇水要浇透,浇到盆底的孔有水流出为止

养护要点

- 播种后,放到阴凉的地方等待发芽。
- 每天要坚持喷水,保持土壤湿润,这个非常重要。
- 天气凉的话,可以给育苗盘覆一层保鲜膜,膜上用牙签扎几个孔,每天要打开保鲜膜透透气,补充些氧气,不能老捂着。

5 将 4~5 粒韭菜种子均匀撒在土表面。

6 盖上 0.5 厘米左右厚的土,并用喷壶将土喷湿。

韭菜生长过程

1 周后

· 小芽冒出土面,嫩绿的,细细的。

· 韭菜出芽的方式很特别,是弯着腰"出场"的。

· 出芽后,开始晒太阳。

· 浇水要注意,无须天天浇水,看到表土颜色变浅、用手摸上去没有潮气、容器重量明显变轻的时候才需要浇水,每次浇水要浇到容器底部的孔有水流出。

韭菜从播种到收获一般需要 20 周左右。

3 周后

· 小芽的腰板儿终于挺直了,一根根直立着,英姿飒爽。

· 这时可以移盆啦,移盆时注意要施足底肥。

15 周后

· 生长缓慢, 不要急, 这是正常的。

· 麻酱渣泡水发酵后, 取上层清液, 稀释 20~30 倍追肥。

· 浇水原则同前。

20 周后

· 已经长得很茂盛了, 不过第一批韭菜长得都是细细的, 舍不得吃的话, 就先留着它们, 耐心地等到来年春天, 它们会再次爆发生命力的。

第二年春天

· 韭菜开始猛长, 叶子变宽了, 植株变壮了, 磨刀霍霍准备收割。

· 收割的时候用剪刀从根部以上 3~5 厘米的地方剪下, 剩下的还会继续长。

春天每 15~20 天就可以收获一次, 收获后适当多补充些营养, 用发酵的麻酱渣水稀释 10 倍追肥。之后, 每次浇水都可以用发酵的麻酱渣水, 兑 20~30 倍的水稀释即可。

水培大蒜苗

大蒜喜冷凉，喜湿润，不耐热，发芽适宜温度为 12~20℃，茎叶生长适宜温度为 12~16℃。水培大蒜苗不需要晒太多太阳，放在阴凉的地方就可以了。新蒜有 20~75 天的休眠期，休眠阶段不发芽，过了休眠期后，温度高于 28℃时则继续休眠，2~5℃低温维持 30~40 天可以解除大蒜休眠，所以最好在春、秋凉快的时候开始播种，天气热不容易发芽，而且泡在水里容易烂。

私家秘方

- **种植难度**　超简单
- **种植季节**　春、秋、冬
- **收获时间**　播种后 15~25 天
- **收获方式**　多次收获
- **浇水要点**　2~3 天换水 1 次

养护要点

- 加水不宜过多。

几天不见，感觉大蒜苗长高了好多。

1 可以使用各种不漏水的容器，如碗、杯子、盘子、花瓶……但不要用金属器皿。

2 准备大蒜头若干个，剥去皮。

3 整齐地摆在容器中，蒜头的尖部尽量朝上。也可以用线把蒜头串起来再摆盘，更方便。

4 将水加到半个蒜头的高度就可以了。

水培大蒜苗生长过程

水培大蒜苗从播种到收获一般需要3周。

3天后

发芽了，蒜头尖部发紫是正常的。

5天后

蒜苗们顶着尖尖的脑袋使劲往上钻。记得2~3天要换1次水。不要长时间晒太阳。

2周后

已经长成郁郁葱葱的一片，还是要经常换水。

3周后

长到20厘米高了，很健壮的样子，可以采收啦！采收时用剪刀从蒜头上齐齐剪下来就好，保持2~3天换1次水，还可以长。

当水培的蒜苗长不动的时候，可以再种到土里，依靠土里的营养还能生长，很厉害哦！

香芹

香芹喜冷凉，较耐寒，在高温干旱条件下生长不良，发芽适宜温度为15~20℃，生长适宜温度为18~23℃。香芹种子比较特殊，是喜光种子，在有光条件下比在黑暗环境下容易出芽，所以播种时不要覆土，或者先在有光条件下催芽后再播种。催芽可以用纸巾催芽法。播种前最好用清水浸泡种子12~14小时。

香芹种子

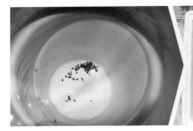

1 香芹种皮厚硬，难透水，发芽慢，所以播种前用清水浸种12~14小时。

2 在泡沫箱子里铺些底土，施足底肥，麻酱渣、发酵鸡粪都可以。继续往箱子里装土并轻轻压实，直到箱子八九分满。

3 浇透水，直到箱底的孔有水流出来，用铲子拌一下，浇得更均匀，并将土面整理平整。

香芹收获时间较长,
要对它有耐心。

私家秘方

- **种植难度**　比较难
- **种植季节**　春、秋
- **播种间距**　5~10 厘米
- **收获时间**　播种后 80~90 天
- **收获方式**　多次收获
- **浇水要点**　表土颜色变浅、用手摸上去不湿、略有潮气、泡沫箱的重量明显变轻的时候就需要浇水,每次浇水要浇透,浇到箱底的孔有水流出为止

养护要点

- 发芽阶段,不要晒太阳,高温下种子不容易发芽。
- 播种以后到发芽之前,要保持土壤潮湿,每天用喷壶给土喷水。
- 不要用瓶子或者盆盛水来浇,否则容易把种子冲离原来的位置,或者冲到更深的土层里,影响种子发芽。

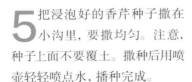

4 用小尖铲子在土面开浅沟。

5 把浸泡好的香芹种子撒在小沟里,要撒均匀。注意,种子上面不要覆土。撒种后用喷壶轻轻喷点水,播种完成。

香芹生长过程

1 周后
· 香芹发芽慢，嫩芽终于挣脱了种皮的束缚，弓着身子，就像从土里冒出来的一个小问号。
· 多晒太阳。
· 浇水要注意，表土干了就浇水，浇到箱底部的孔有水流出为止。

香芹从播种到收获一般需要 12 周。

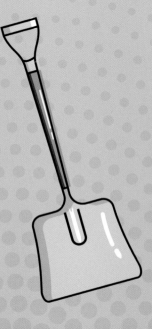

2 周后
· 小嫩叶展开，正在慢慢长大。
· 浇水原则同前。
· 多晒太阳。

4 周后

· 叶子渐渐长大, 虽然长得慢,
但很呆萌可爱。

· 浇水原则同前。

· 多晒太阳。

8 周后

· 终于长成了小小一排。

· 可以追施些稀肥, 发酵的麻酱渣水兑
20 倍水稀释使用。

12 周后

· 这时长得更粗壮了, 就可以采收了,
直接连根拔起即可。也可以剪外层
的茎叶来吃, 留着嫩芽, 还会继续长。

香芹炒肉丝, 非常普通的家常菜,
但吃着它, 真是既安心又开心!

用香芹头种香芹

给大家介绍一个超级简单的种香芹的方法。买一把香芹，就可以吃好多次呢！

1. 将饮料瓶平放在地上，把上半部分剪下来。

2. 在下半部分的底部均匀地扎孔。

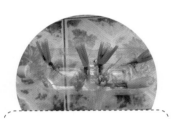

3. 选择根较粗的香芹，从根部以上5厘米处剪下。

4. 把香芹头均匀放在自制的花盆内，间距大概5厘米。

5. 一边填土，一边轻轻地压实，并注意把香芹头扶正，填土到距离瓶口1厘米左右。慢慢地浇水，直到底部的孔有水流出来，然后放到阴凉处缓3~5天再晒太阳。

6. 大约1周后，新叶子就长出来了。此后每次浇水都可以追施些稀肥，比如发酵的麻酱渣水，兑20倍水稀释使用。

7. 大约6周后，叶子长势喜人，可以采收啦。用剪刀从植株的外侧将粗茎一根根剪下来，嫩芽留着，继续浇水，20天后又长满了。

要是忘记浇水的话，香芹会闹脾气的，统统垂着头，坚决不理你！不过别担心，赶紧浇上水"哄哄"，香芹很快就又精神起来啦！

油麦菜

油麦菜喜冷凉，种子在 4℃ 左右就可以缓慢发芽，发芽适宜温度为 15~20℃，25℃ 以上发芽缓慢，30℃ 以上很少发芽；生长适宜温度为 12~20℃，温度过高生长缓慢，且容易抽薹开花；喜湿润；对日照要求不严，一般能晒到半天阳光就可以了。

油麦菜种子

私家秘方

- **种植难度** 超简单
- **种植季节** 春、秋、冬
- **播种间距** 5~10 厘米
- **收获时间** 播种后 50~60 天
- **收获方式** 多次收获
- **浇水要点** 表土颜色变浅、用手摸上去不湿、略有潮气、盆的重量明显变轻的时候就需要浇水，每次浇水要浇透，浇到盆底的孔有水流出为止

养护要点

- 不要用瓶子或者盆盛水来浇，否则容易把种子冲离原来的位置，或者冲到更深的土层里，影响种子发芽。

夏季不适合播种油麦菜。

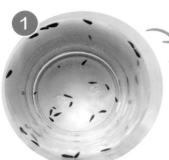

用清水浸泡种子 8~12 小时，发芽更快。

往容器里填土并轻轻压实，直到离盆口 2 厘米左右，浇透水。

将浸泡好的油麦菜种子按照 5 厘米左右的间距放在土面，再盖上约 0.5 厘米厚的土。

用喷壶把盖的土层喷湿润。把花盆放到阴凉的地方，每天喷水，等待发芽吧。

油麦菜生长过程

油麦菜从播种
到收获一般需
要8周。

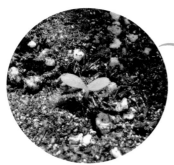

3 天后

种子发芽啦。
可以晒太阳了。

4 周后

小苗很健康，这时可
以移栽到大盆里了。
之后每次浇水，可以
追稀肥，发酵的麻酱渣
水兑20倍水稀释使用。

8 周后

叶子很茂盛，可以采收啦。
采收时从外层剪叶子或
者掰叶子吃，留着中间
的嫩芽还会继续长哦，
能收好多次。

采收后，追一次稍
浓的肥，发酵的麻酱渣
水兑10倍水稀释使用。

菜农小贴士

温度过高或者过低时，菜苗的生长速度都会变慢，要有耐心哦！

多数叶菜，喜冷凉，生长温度在 20℃ 左右，每天 8~12 小时日照，生长迅速，收获也快，很适合春、秋种植。空心菜喜高温多湿，是个特例，温度低了反而长不好，最好夏天种。

绿叶菜根系浅，喜湿润，无须天天浇水，看到表土颜色变浅、用手摸上去没有潮气、容器重量明显变轻的时候才需要浇水，每次浇水要浇到容器底部的孔有水流出。此阶段可以施以氮肥为主的有机肥，施足底肥，麻酱渣、发酵鸡粪都可以，长到 4 片叶子时可以追一次壮苗肥，每次采收之后，可以追一次肥补充营养。

种绿叶菜有个好处, 就是长大长小都能吃。如果种植稀疏, 可以长成大棵的菜; 如果种植过密也没事, 小苗、小菜秧都能拔掉做菜吃。不过, 原则上还是建议苗间距保持在 10 厘米以上, 这样有利于叶菜生长。

很多人认为, 北方冬天不能种菜, 其实不然。笔者实践发现, 北方冬天如果阳台温度在 17~18℃左右, 种叶菜非常合适, 而且病虫害还少。外面下着雪, 阳台却一片翠绿, 再吃点自己种的菜, 是不是非常惬意!

蔬菜

种子

植株

花盆

修剪

幼苗

第四章
美味果实

不要以为果实类的蔬菜很难种，掌握了方法，其实一点都不难。果实类的蔬菜喜欢阳光，就让它们多晒太阳，但要避开正午的毒日头；种植时尽量使用大盆，一个盆里只能种1棵，避免出现种植过密造成的缺肥、掉花、落果等情况。想象一下，自家阳台上，长着甜美的草莓、可爱的小番茄……果然还是种果实类的植物更有成就感！

西葫芦

西葫芦，一年生，对环境条件要求不高，适应性特别强。喜光照充足，较耐寒，种子发芽适宜温度为 25~30℃，生长适宜温度为 20~25℃，8℃以下停止生长，30℃以上生长缓慢且易生病。结果期需水量大，要注意保持土壤湿润。

西葫芦种子

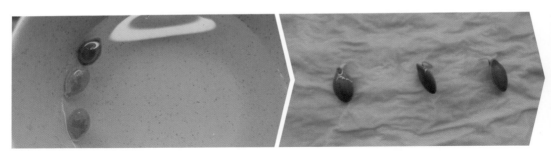

1 将种子用清水浸泡 6~12 小时。

2 泡好的种子放在喷湿的纸巾上进行催芽（具体方法见第 21 页）。

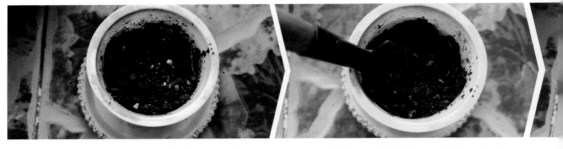

3 找个洗干净的酸奶盒，底部扎些孔，装上大半盒土。

4 浇透水，可以用小铲子拌一下，让土壤湿润得更均匀。

种植西葫芦尽量选择大一点的盆。

私家秘方

- **种植难度**　简单
- **种植季节**　春、秋
- **播种间距**　30~50 厘米(阳台种植尽量用大盆,一盆1棵)
- **收获时间**　播种后 70~80 天
- **收获方式**　多次收获
- **浇水要点**　生长前期适当控制水分,避免徒长;结果期需水量大,须勤浇水

养护要点

- 播种后,把酸奶盒放在阴凉的地方。
- 播种后到出苗前,每天用喷壶喷喷水,保持土壤湿润。

5 将发芽的西葫芦种子放在土面的中间,根朝下放置。

6 盖上 2 厘米左右厚的土,用喷壶把土喷湿。

西葫芦生长过程

1 周后
· 西葫芦长出来了。
· 稍微晒晒太阳，土偏干的时候再浇水。

西葫芦从播种到收获一般需要 10 周。

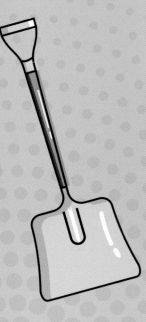

4 周后
· 已经长出了 4 片真叶，赶紧移栽到大盆里去吧。
· 多晒太阳。浇水要注意，无须天天浇水，看到表土颜色变浅、用手摸上去没有潮气、容器重量明显变轻的时候才需要浇水，每次浇水要浇到容器底部的孔有水流出。

7 周后

· 西葫芦苗在大盆里茁壮成
长着。

8 周后

· 小小的西葫芦顶着花骨朵出现了。

· 注意要勤浇水，果实生长期对水分的
需求比较大。

10 周后

· 西葫芦长到大概一掌长了，动手采
摘吧。今天不买菜了，做个最新鲜
的"糊塌子"尝尝。

西葫芦生长一段时间后，底层的叶
子会变老枯黄，可以把这些叶子
摘掉，以减少不必要的营养消耗。
摘叶子时注意避开叶子上的小刺。

黄瓜

　　黄瓜，一年生，爬藤植物，喜温暖，发芽适宜温度为 28~32℃，生长适宜温度为 20~30℃，10~13℃停止生长。喜阳光，喜湿润。最好种在通风很好的地方，通风不好、高温、潮湿处，容易得白粉病。阴雨季节，可以每 3~5 天喷 500~1 000 倍小苏打水（即 1 克小苏打兑水 500~1 000 毫升）预防白粉病。阳台种植要用超大盆，土要多，施足底肥，否则可能会长不好。

黄瓜种子

1 将营养土装入育苗穴盘，一直装到土面距离盘边大概 1 厘米处，轻轻地压实。

2 浇透水，直到育苗盘底部有水流出来。

3 可以用小尖铲子拌一下土，会浇得更均匀。

4 把 2~3 颗黄瓜种子放入浇湿的土里面，种子之间间隔 1~2 厘米。

自己种的黄瓜，洗洗就能直接吃啦，放心得很！

私家秘方

- **种植难度** 较简单
- **种植季节** 春、夏、秋
- **播种间距** 40~50 厘米
- **收获时间** 播种后 90~100 天
- **收获方式** 多次收获
- **浇水要点** 表土颜色变浅、用手摸上去不湿、略有潮气、容器的重量明显变轻的时候就需要浇水，每次浇水要浇透，浇到容器底的孔有水流出为止

养护要点

- 播种后把穴盘放到阴凉的地方，不能让它直接晒太阳。
- 每天喷喷水，保持土壤湿润，最好用喷壶，水流不能太大，不然容易把种子冲跑。

5 盖上 0.5 厘米左右厚的土，并用喷壶将土喷湿。

6 如果同时在育苗盘里培育好几种蔬菜的苗，别忘了做标签。

黄瓜生长过程

黄瓜从播种到收获一般需要13周。

1 周后

黄瓜发芽了，小嫩芽努力地寻找光明。这个阶段要控制浇水。逐渐见光。

2 周后

叶子舒展着越长越大。这时需要移栽到大花盆里。一个花盆里只能种1棵，留下壮苗，拔掉弱苗。多晒太阳。

5 周后

小苗越长越高，开始爬藤了。把容器搬到窗户护栏旁边，或者拉上绳子；也可以用长竹竿做成人字支架，让藤蔓攀爬。

从现在开始，可以追施一些稀肥，比如麻酱渣水稀释20倍左右，当水来浇。

6 周后

出现花骨朵的时候，可施点脱脂骨粉，起到催花保果的作用。开始开花啦，黄瓜的花分为雌花和雄花，结黄瓜的是雌花。雄花太多的话，要适当摘花，一株留下 2~4 朵[1]即可。

7 周后

雌花出现啦，花朵开放后，可以用小刷子或者毛笔手动帮助授粉，以提高结果率并防止果实畸形。

给大家介绍两种授粉方法：
1. 毛笔洗净晾干，在新开的雄花中间的花柱上刷刷，再刷刷雌花中间的花柱。
2. 摘下新开的雄花，把花瓣去掉，留中间的花柱，用花柱去蹭雌花中间的花柱。

[1]区分雄花和雌花最简单的办法：雌花下面有一个小黄瓜，雄花没有。

10 周后

长成了非常小的黄瓜，
好可爱呀。多晒太阳。
继续追稀肥。

12 周后

小黄瓜逐渐长大，
生长速度越来越快。

13 周后

果实形状均匀，颜色
油绿，准备采收吧。

洗洗直接就吃上
了，自己种的，吃
着就是开心啊！

常见问题

1. 化瓜。表现为小瓜还没怎么长就蔫了或萎缩掉果了，主要是由缺阳光、营养不足或者病害造成的。记住，一个盆里只能种1棵，否则很容易化瓜；注意通风和多晒太阳。

2. 不开雌花，光开雄花。首先，黄瓜先开雄花，后开雌花，而且雄花数量要远多于雌花，这个是正常的；其次，短日照、低温有利于开雌花。日照超过12小时的环境下，雌花数量很少，甚至不开；其三，土壤湿润、湿度较高时，也有利于雌花发育。所以夏季高温、干燥、日照时间长，雌花很少发育，可以把雄花都摘掉，以节省营养。秋天日照时间变短、温度降低，自然就会长出雌花了，要有耐心哦。

朝天椒

　　朝天椒，一年或多年生，室内过冬可连续生长多年。喜温暖，耐热，也较耐低温，发芽适宜温度为 20~30℃，低于 15℃不发芽。生长适宜温度为 20~30℃，温度高于 35℃时，不利于开花结果。喜湿润，较耐旱。喜阳光。

朝天椒种子

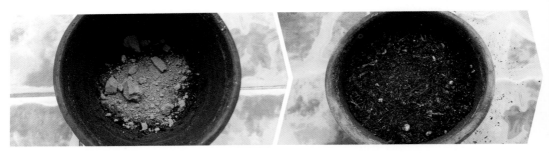

1 准备一个直径 10 厘米左右的花盆，在盆底铺薄土，施足底肥，以麻酱渣加少量骨粉为宜。

2 继续装土，并轻轻地压实，直到离盆缘 3 厘米左右。

3 浇透水，直到盆底的孔有水流出来。

4 在土面放上 2~4 粒种子。

做饭时现摘几个小辣椒，既新鲜又方便。

私家秘方

- 种植难度　较简单
- 种植季节　春、夏
- 播种间距　15 厘米左右
- 收获时间　播种后 90~110 天
- 收获方式　多次收获
- 浇水要点　表土颜色变浅、用手摸上去不湿、略有潮气、盆的重量明显变轻的时候就需要浇水，每次浇水要浇透，浇到盆底的孔有水流出为止

养护要点

- 发芽阶段，不要晒太阳，高温下种子不发芽。
- 播种以后到发芽之前，要保持土壤潮湿，每天用喷壶给土喷水。
- 不要用瓶子或者盆盛水来浇，否则容易把种子冲离原来的位置，或者冲到更深的土层里，影响种子发芽。

5 再撒上约 0.5 厘米厚的土。

6 用喷壶把撒上的土喷湿润。

朝天椒生长过程

注意防烟青虫，经常看看果实，尤其是靠近柄的地方，如果有小孔，马上摘除，里面很可能会藏着一条绿虫子。

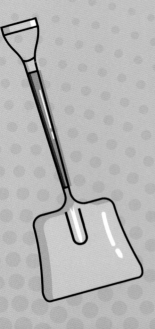

1 周后

· 嫩芽"登场"了，姿态很优美，可以逐渐晒太阳了。

· 出苗后，浇水要注意，无须天天浇水，看到表土颜色变浅、用手摸上去没有潮气、容器重量明显变轻的时候才需要浇水，每次浇水要浇到容器底部的孔有水流出。

朝天椒从播种到收获一般需要 15 周。

3 周后

· 长成健康的小苗。

· 从现在起可以追肥了，麻酱渣液肥、发酵鸡粪、复合肥颗粒都可以，追肥原则是薄肥勤施。

7 周后

· 小苗长大了，需要移到
更大的盆里去了。

12 周后

· 仔细一看，已经有花骨朵了。
· 此时可以施点脱脂骨粉，撒在土面就
可以了，浇水的时候养分会随水渗进
土里被根吸收，起到催花保果的作用。

15 周后

· 辣椒已经长大，等颜色变红，就
动手采摘吧！
· 采摘后，适当补充些稍浓的肥，
将发酵的麻酱渣水稀释 10 倍使用，
辣椒还可以继续开花结果哦。

眉豆

　　眉豆喜温暖，较耐热，种子12℃以上就可以发芽，适宜温度为22~23℃。生长适宜温度为18~30℃（豆荚发育适宜温度为21℃左右），能耐35℃以上的高温。喜湿润，较耐旱，不耐积水。喜阳光。

眉豆种子

1 将土装入育苗穴盘并轻轻地压实，一直装到土面距离盘缘大概2厘米。

2 浇透水，直到底部的孔有水流出来。

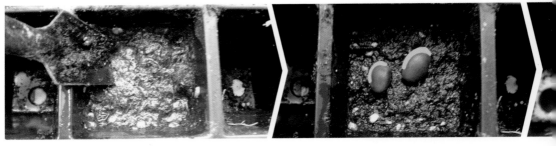

3 可以用小尖铲子拌一下土，会浇得更均匀。

4 将2粒眉豆种子放在土表面，轻轻压一下种子，让它们嵌进土里。

眉豆的花朵十分漂亮，能够装点居室环境。

私家秘方

- **种植难度** 较简单
- **种植季节** 春、夏、秋
- **播种间距** 30 厘米左右
- **收获时间** 播种后 60~80 天
- **收获方式** 多次收获
- **浇水要点** 表土颜色变浅、用手摸上去不湿、略有潮气、泡沫箱的重量明显变轻的时候就需要浇水，每次浇水要浇透，浇到箱底的孔有水流出为止

养护要点

- 刚播种完不要放在太阳底下，种子在这个时候不能受热。
- 播种以后到发芽之前，要保持土壤潮湿，每天用喷壶给土喷水，不要用瓶子浇水，水流太大会把种子冲跑。

5 盖上 1 厘米左右厚的土。

6 用喷壶将土喷湿。

眉豆生长过程

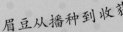

1 周后

· 种子发芽了。

· 出苗后要多晒太阳。

眉豆从播种到收获一般需要 10 周。

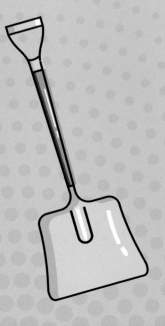

2 周后

· 叶子已经长得很大了，根系也非常发达，赶紧移栽到泡沫箱里去吧。

· 移栽时要施足底肥，麻酱渣加少量骨粉就可以了，移栽后要浇透水。

6 周后

· 长势良好，用塑料绳子绕在眉豆藤条上做牵引，绳子上端可挂在晾衣竿上。

· 每次浇水可以追一些稀肥，发酵的麻酱渣水兑 20 倍水稀释使用。

· 保持空气流通，阳光充足。

7 周后

· 长出一串串的花骨朵，很可爱。

· 此时追施点脱脂骨粉，可催花保果。

8 周后

· 花朵盛开，让呆板的晾衣竿也变得很漂亮。

· 仔细观察一下花的蕊，绿色的，细长，那个长大以后就是眉豆了。继续生长，花瓣会掉，但是花蕊不会掉。

10 周后

· 终于可以收获果实啦！

西瓜

　　西瓜是一年生蔓生植物，喜高温，耐旱，较不耐寒，怕涝。种植适宜温度为 19~32℃。结果期需水量大，但又极不耐涝，适合用结构疏松且不易积水的砂质土壤栽培。

西瓜种子

1 将种子用清水浸泡 12~24 小时。

2 泡好的种子放在喷湿的纸巾上进行催芽（见第 21 页）。

3 找个洗干净的酸奶盒，底部扎些孔，装上半盒土。

4 浇透水，可以用小铲子拌一下，让土壤湿润得更均匀。

担心西瓜掉下来，可以找一个网兜或做个支架把西瓜托住。

私家秘方

- **种植难度**　较简单
- **种植季节**　春、夏
- **播种间距**　1 米以上（阳台种植尽量用大盆，一盆 1 棵）
- **收获时间**　播种后 120~130 天
- **收获方式**　多次收获
- **浇水要点**　无须天天浇水，看到表土颜色变浅、用手摸上去没有潮气、容器重量明显变轻的时候才需要浇水，每次浇水要浇到容器底部的孔有水流出。结果期需水量大，要勤浇水

养护要点

- 播种后把酸奶盒放在阴凉的地方。
- 播种后到出苗前，每天用喷壶喷喷水，保持土壤湿润。

5 将发芽的西瓜种子放在土面的中间，根朝下放置。

6 盖上 1 厘米左右厚的土，用喷壶把土喷湿。

西瓜生长过程

西瓜从播种到
收获一般需要
17 周。

10 天后
西瓜苗长出来啦,
晒晒太阳吧。

3 周后
长出了真叶,浇水原则
见 123 页 "浇水要点"。

6~7 周
当真叶长到 3~4 片的
时候,移栽到大花盆或
者泡沫箱里。最好放在
护栏边,方便藤蔓攀爬。

9 周后
第一朵雄花开了。

11 周后

第一朵雌花开放了，小西瓜慢慢成形，已经能看到清晰的条纹了。注意勤浇水。

13 周后

小西瓜生长速度很快，笔者担心挂在护栏上的藤蔓承受不了它的重量，做了一个网兜把它保护起来了。

17 周后

小西瓜成熟了。孩子的脸上洋溢着收获的喜悦，仿佛已经品尝到了那甜甜的味道。

咬一口，又沙又甜，水分还特别足。笔者预感它将成为以后阳台种植的保留品种。

第一个小西瓜采摘后没两天，我发现又一个瓜挂果了。又过了40天左右，我们收获了第二个小西瓜。

草莓

　　草莓，多年生，喜湿润，忌干旱。喜温暖，不耐热，较耐寒，在 10~30℃ 都能生长，生长适宜温度为 15~25℃。温度在 20℃ 左右，室内四季都能种植。开花适宜温度为 14~21℃，温度过高不利于开花结果；温度过低，植株休眠，停止生长。种草莓的时候要给它施足底肥，并且适当摘花，根据盆的大小，每株留 5~8 朵花。植株下部如果有黄叶、枯叶，可以摘除，以节省营养。

草莓种子

1 准备一个底部带孔的花盆，并用一块小石子挡住底部小孔，防止漏土。

2 往花盆里装土，并轻轻地压实，装到离盆缘 3 厘米左右即可。

3 花盆底部垫个托盘，然后浇水，浇到底部有水渗出为止。

4 将土整理平整。

5 把 3~5 粒草莓种子轻轻放在湿润的土面。

心急的朋友，一定要等到草莓完全成熟再吃哦！

私家秘方

- **种植难度**　比较难
- **种植季节**　春、秋
- **播种间距**　15厘米左右
- **收获时间**　播种后约90天
- **收获方式**　多次收获
- **浇水要点**　表土颜色变浅、用手摸上去不湿、略有潮气、盆的重量明显变轻的时候就需要浇水，每次浇水要浇透，浇到盆底的孔有水流出为止

养护要点

- 播种完把花盆放到阴凉的地方，每天打开保鲜膜透透气。每天喷水，保持土壤湿润。
- 用种子播种草莓有一定难度，也可以购买草莓幼苗来种植。新买回的草莓苗种进花盆以后浇透水，需放在阴凉的地方缓苗1周左右，待恢复生机以后再开始晒太阳。
- 草莓是多年生植物，一直养着，只要条件合适、营养充足，就能一直结果。一般半年后植株就长大了，此时需要换盆，之后继续追肥补充营养。

6 盖上约0.5厘米厚的土，并用喷壶喷湿。

7 用保鲜膜盖上花盆，再用牙签在保鲜膜上均匀地扎些孔，方便透气。将花盆放到阴凉处。

草莓生长过程

2周后

· 小小的嫩芽终于破土而出啦!

· 这时浇水最好用喷壶,避免种子被冲走或者小苗被冲倒。

· 发芽以后就要将盖在花盆上的保鲜膜揭掉。

草莓从播种到收获一般需要14周。

3周后

· 叶子长了出来,好可爱。

· 这时可以开始晒太阳了。

· 慢慢地用水壶浇水,浇水的原则见127页中的"浇水要点"。

4 周后

· 真叶已经长到 3 片了。继续浇水，适当地晒晒太阳。

· 现在开始可以施一些稀肥，比如麻酱渣水，兑水稀释 20 倍左右，当水来浇。

7 周后

· 叶子越长越多。

· 要是发现花盆底的漏水孔有根长出来，就可以给草莓换一个大点的盆了。换盆的时候，可以施些底肥，麻酱渣加少量骨粉是很好的搭配。

10 周后

· 开出了第一朵花，白白的小花。此时可以施一些脱脂骨粉，起到催花保果的作用。

· 等花瓣掉落以后，中间黄黄的部分会慢慢长成草莓果实。

14 周后

· 植株越长越茂盛，花盆又显得小了，需要再次换盆。换盆时记得施底肥，营养足长得更好。

· 冬天草莓不怎么长，在 0℃以上就能过冬，春天来了会加速生长，继续开花结果。

小番茄

　　小番茄，一年生，喜温暖。种子 11℃ 开始发芽，适宜温度为 20~30℃，低于 12℃ 发芽极慢，易烂种，高于 35℃ 时，发芽不良。生长适宜温度为 20~25℃，低于 10℃ 停止生长，高于 35℃ 生长不良，也不利于开花结果。

小番茄种子

1 用清水将小番茄种子浸泡 6~8 小时。

2 准备一个装鸡蛋的塑料盒子，把盒子上的支撑柱剪掉，在盒子底部用剪刀或者螺丝刀扎几个孔。

3 往盒子里填土，一边填一边轻轻地压实，填到距离盒子边缘 0.5 厘米左右。

4 慢慢地浇水，直到下面的孔漏出水来。

红红火火的小番茄，看着就十分喜庆。

私家秘方

- **种植难度**　较简单
- **种植季节**　春、夏
- **播种间距**　20厘米左右
- **收获时间**　播种后90~110天
- **收获方式**　多次收获
- **浇水要点**　表土颜色变浅、用手摸上去不湿、略有潮气、盆的重量明显变轻的时候就需要浇水，每次浇水要浇透，浇到盆底的孔有水流出为止

养护要点

- 播种完把盒子放到阴凉的地方，不能让它直接晒太阳。
- 发芽前每天喷水，保持土壤湿润。

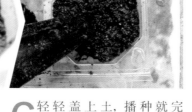

5 用牙签在土中心挖一个0.5厘米左右深的小坑，把泡好的种子放进去。

6 轻轻盖上土，播种就完成啦！

小番茄生长过程

小番茄从播种到收获一般需要13周。

1周后

终于看见小芽出土啦! 容器小, 土干得快, 要注意浇水。

2周后

真叶长出来了, 从现在开始要多晒太阳了。这时要准备移栽到大盆里了, 移盆的时候施足底肥, 麻酱渣加少量骨粉就可以了。浇水原则见131页中的"浇水要点"。

3周后

已经长出4片小叶子了。从现在开始浇一些比较淡的液体肥, 或者在花盆边缘埋入少量的固体肥, 帮助生长。

5周后

植株越长越高。这时, 浇水原则见131页的"浇水要点", 尽量让植株接受阳光直晒。

7周后

仔细看看, 已经有花蕾了。这时可以施一些脱脂骨粉, 补充些营养。小番茄特别喜欢太阳, 一定要给它充足的阳光。

8周后

开花了, 花瓣好像在迎风飞舞。再补充些脱脂骨粉, 浇水原则见131页中的"浇水要点", 避免因土壤缺水和缺钙引起脐腐病[1]。

---

[1]脐腐病: 初在幼果脐部出现水浸状斑, 后逐渐扩大, 导致果实顶部变褐色、凹陷, 严重时会扩散到小半个果实。

10 周后

绿绿的小果实开始生长，这个时候小番茄植株还在继续长高呢。此时可以浇一次稍浓的肥，将发酵的麻酱渣水兑水稀释 10 倍使用。

12 周后

果实开始变颜色了，浇水要跟上，要多晒太阳。开花结果太多的时候，要适当剪掉花枝或嫩果。如果用一个容量为 5 升的塑料桶种植，可保留 6 串左右的果实，挂果太多的话，会争抢土里有限的营养，都长不好。

13 周后

果实终于成熟了，可以采摘啦!

小番茄长太高了会倒，可以在植株上绑根绳，然后把绳子挂到高处固定，稳固主干;也可以在主干边上插根杆，然后用绳子把主干固定在杆上。

常见问题

1. 开花少，掉花。这个主要是营养不足导致的。可能是因为盆小了，种小番茄的圆盆直径要 20 厘米以上。还可能是因为盆里种得太多了，互相抢营养。一个盆里最好只种 1 棵。笔者曾在一个塑料桶里种过 2 棵小番茄，但最后的结果量和种 1 棵是一样的。

2. 只长高，不开花。这个主要是因为高温、缺阳光，植株徒长导致的。解决方法是通风降温，增加光照。还有可能是施了太多的氮肥，解决方法是使用麻酱渣加少量骨粉做底肥，这样还可以预防脐腐病。

樱桃萝卜

（樱桃萝卜属根茎类蔬菜，因其生长习性和种植管理方法与果实类蔬菜类似，且是大众餐桌上常见的一种蔬菜，因此，我们将其种植管理方法放在果实类蔬菜章节中展示。）

樱桃萝卜是小型萝卜，根系浅，生长比较快，很适合家庭盆栽。春、秋都可以种，冬天温度合适也可以种，夏天根部不容易膨大。喜冷凉，较耐寒，发芽适宜温度为 15~25℃，生长适宜温度为 20℃左右，25℃以上生长不良，低于6℃时生长缓慢。喜湿润，生长过程中不可缺水。喜阳光。

樱桃萝卜种子

1 在盆底铺些底土，厚度 3~5 厘米。

2 施点底肥，麻酱渣、发酵鸡粪都可以。

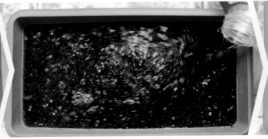

3 继续往盆里填土并轻轻压实，直到盆八九分满。

4 浇透水，直到盆底的孔有水流出来，并将土面稍微整理平整。

藏在土里的樱桃萝卜，你发现了吗？

私家秘方

- **种植难度** 较简单
- **种植季节** 春、秋
- **播种间距** 5~10 厘米
- **收获时间** 播种后 60~70 天
- **收获方式** 一次收获
- **浇水要点** 表土颜色变浅、用手摸上去不湿、略有潮气、盆的重量明显变轻的时候就需要浇水，每次浇水要浇透，浇到盆底的孔有水流出为止

养护要点

- 刚播种完不要放在太阳底下，种子在这个时候不能受热。
- 播种以后到发芽之前，要保持土壤潮湿，每天用喷壶给土喷水，不要用瓶子浇水，水流太大会把种子冲跑。

5 用小尖铲子在土面开2条深约1厘米的小沟。

6 往小沟里放入萝卜种子，每隔5厘米左右放2粒，然后用小尖铲子给种子盖好土。

樱桃萝卜生长过程

3 天后

· 种子开始发芽。看，它们正努力往上顶呢。

· 经常喷水，保持土壤湿润。

樱桃萝卜从播种到收获一般需要10周。

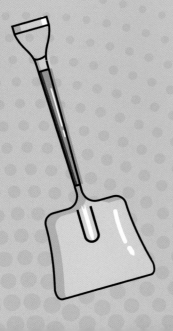

4 天后

· 小芽们齐齐地冒出了头，可以开始晒太阳了。

1 周后

· 小苗们都弯着腰朝着太阳生长。

· 要注意，无须天天浇水，看到表土颜色变浅、用手摸上去没有潮气、泡沫箱子重量明显变轻的时候才需要浇水，每次浇水要浇到箱底的孔有水流出。

· 多晒太阳，温度控制在 15~20℃。

4 周后

· 长到 4~5 片叶子了，追肥并往盆里补些土，营造出有利于根部膨大的环境。

· 樱桃萝卜是从靠近叶子下面的位置开始膨大的，如果徒长了，必须在根部补些土，把苗扶起来。

9 周后

· 叶子已经很茂盛了。

10 周后

· 樱桃萝卜已经长成了。

· 采收时连根拔就可以了，根和叶子都可以吃。

菜农小贴士

瓜果类蔬菜中，爬藤类的植物喜爬高争抢阳光，所以通常不怕太阳，平时可多晒太阳。同时还要注意通风，通风不好很容易发生病害。不爬藤的结果植物，多数也喜阳光，但最好避开正午的强日照，进行适当遮阳。

瓜果类蔬菜，通常在温度降低、日照逐渐变短时才开始开花结果，所以一般都是秋天结果，夏季高温时结果数量少或者不结果。一般春播后，适当遮阳度夏，秋天收获；还有些可以夏播，控制温度，秋天收获。夏播时温度控制在25℃左右最好，温度过高会导致生长不良。

根茎类蔬菜，一般在生长前期需要温度高的环境，有利于长茎叶，后期需要温度低的环境，有利于根部膨大，所以秋天播种更容易管理。

瓜果所需营养较多，种植时尽量使用大盆或大的泡沫箱，一个盆或箱里只能种1棵，避免出现种植过密造成的缺肥、掉花、落果现象。还要施足底肥。浇水要注意，无须天天浇水，看到表土颜色变浅、用手摸上去没有潮气、容器重量明显变轻的时候才需要浇水，每次浇水要浇到容器底部的孔有水流出。

蔬菜

种子

植株

花盆

修剪

幼苗

第五章
调味香草

你有没有这样的经历呢？买来一把香菜，可是调味只需要一点点，很多时候因为不能及时吃完，放半天香菜就变得不新鲜了，甚至还可能浪费掉。别纠结啦！从现在开始，自己种吧！随吃随采，可以一直吃最新鲜的调味蔬菜！

百里香

　　百里香,多年生,喜温暖,较耐热,也较耐寒,种子15℃以上开始发芽,发芽适宜温度为 20~25℃,在 5~30℃都能生长,生长适宜温度为 20~25℃,怕高温,夏季中午要适当遮阳。喜阳光,较耐旱。

百里香种子

1 将营养土装入育苗穴盘。

2 用手把土轻轻地压实,一直装到土面距离盘缘大约 1 厘米。

3 浇透水,直到育苗穴盘底部的孔有水流出来。

4 可以用小尖铲子拌一下土,会浇得更均匀。

百里香的叶子可以泡茶，也可以做料理时使用。

私家秘方

- **种植难度**　超简单
- **种植季节**　春、秋
- **播种间距**　5~10 厘米
- **收获时间**　播种后 70~90 天
- **收获方式**　多次收获
- **浇水要点**　表土颜色变浅、用手摸上去不湿、略有潮气、盆的重量明显变轻的时候就需要浇水，每次浇水要浇透，浇到盆底的孔有水流出为止

养护要点

- 刚播种完别直接晒太阳，土晒热了种子会闷坏的。
- 播种以后到发芽之前，要保持土壤潮湿，每天用喷壶给土喷水。
- 不要用瓶子或者盆盛水来浇，否则容易把种子冲离原来的位置，或者冲到更深的土层里，影响种子发芽。

5 将 3~5 粒百里香种子均匀撒在土表面。

6 盖上 0.5 厘米左右厚的土。用喷壶将土喷湿，放到阴凉的地方等待发芽即可。

百里香生长过程

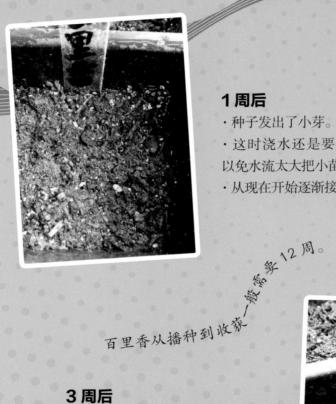

1周后
· 种子发出了小芽。
· 这时浇水还是要用喷壶，以免水流太大把小苗冲走。
· 从现在开始逐渐接触阳光。

百里香从播种到收获一般需要12周。

3周后
· 第一对真叶长出来了。
· 之后浇水要注意，无须天天浇水，看到表土颜色变浅、用手摸上去没有潮气、容器重量明显变轻的时候才需要浇水，每次浇水要浇到容器底部的孔有水流出。

6 周后

· 叶子越长越多,绿油油的,非常可爱。

· 这时可以移栽到小花盆里了。

· 追施一些稀肥,用麻酱渣、发酵鸡粪、复合肥等都可以,薄肥勤施。

12 周后

· 根已经从盆底长出来了,再次换盆,既然枝条长长的,就给换个吊盆吧。

· 换盆时,施些底肥,比如麻酱渣加少量脱脂骨粉。

· 摘下百里香的叶子,可以泡茶或做料理时使用。

百里香播种后,第一年很少开花,一般是第二年春末夏初开花。夏天植株比较虚弱,忌高温、高湿,注意遮阳、通风、减少施肥。春、秋气候凉爽,植株生长比较快,应多追些稀肥。过冬时温度保持在10℃左右就可以了,植株不怎么生长,浇水要注意(原则同"3周后"),不能施肥。早春看到枝条发芽了,再开始追稀肥。待出现花骨朵的时候再追点磷肥(如脱脂骨粉)。

薄荷

　　薄荷，多年生，喜温暖，耐热，不耐寒。种子发芽适宜温度为 20~25℃，生长适宜温度为 20~30℃。喜湿润，不耐积水。较耐阴。

薄荷种子

1 准备一个底部带孔的花盆，并用一块小石子挡住底部小孔，防止漏土。

2 往花盆里装土，并轻轻压实，装到离盆缘 2 厘米左右即可。

3 先将托盘垫在花盆底部，然后浇水，浇到底部有水渗出为止。

4 将土整理平整。

薄荷具有药用和食用双重价值。可作香料，还可调酒、冲茶等。

私家秘方

- **种植难度**　超简单
- **种植季节**　春、夏
- **播种间距**　5~10 厘米
- **收获时间**　播种后 50~70 天
- **收获方式**　多次收获
- **浇水要点**　表土颜色变浅、用手摸上去不湿、略有潮气、盆的重量明显变轻的时候就需要浇水，每次浇水要浇透，浇到盆底的孔有水流出为止

养护要点

- 播种后放在阴凉的地方，出苗前不要暴晒。
- 播种以后到发芽之前，要保持土壤潮湿，每天用喷壶给土喷水。
- 不要用瓶子或者盆盛水来浇，否则容易把种子冲离原来的位置，或者冲到更深的土层里，影响种子发芽。

5 把 3~5 粒薄荷种子轻轻放在湿润的土面。

6 然后盖上约 0.5 厘米厚的土，并用喷壶喷湿。

薄荷生长过程

薄荷为多年生植物,冬天0℃以上就可以过冬,浇水可干可湿,别施肥就可以了;春天出小芽后,开始施肥。

1周后
· 种子发芽了。
· 适当喷水,保持土壤湿润。

薄荷从播种到收获一般需要7周。

2周后
· 长出2片真叶,可以开始晒太阳了。
· 浇水要注意,无须天天浇水,看到表土颜色变浅、用手摸上去没有潮气、容器重量明显变轻的时候才需要浇水,每次浇水要浇到容器底部的孔有水流出。

3 周后

· 小苗越长越高，亭亭玉立。

· 这时如果想让薄荷长得更茂密，可以把顶端的小芽摘掉。小叶芽可以泡薄荷茶哦。

· 浇些稀薄的肥水，好吸收，又不会烧苗。

5 周后

· 长势良好，小花盆显得有点挤了，需要换盆了，换盆时要施足底肥。可以趁着土偏干的时候，轻轻把薄荷从旧盆里取出来，瞧，根系已经很发达了。将薄荷移入新盆中，周围填满土并轻轻地压实，尽量不要损伤根系。

7 周后

· 换盆以后长得更快了，可以追一次稍浓的肥，发酵的麻酱渣水稀释10 倍使用。

10 周后

· 薄荷开花了，一眼望去并不起眼，仔细看，花朵很漂亮呢。

罗勒

罗勒，一年生，喜温暖，耐热，不耐寒。发芽适宜温度为 20~25℃，生长适宜温度为 20~30℃。喜湿润，耐旱，不耐积水。喜阳光。这种香草挺好种的，粗放式管理即可。施足底肥，多晒太阳，注意通风。

罗勒种子

1 将营养土装入育苗穴盘。

2 用手把土轻轻地压实，一直装到土面距离盘缘大约1厘米。

3 浇透水，直到底部的孔有水流出来。

4 为了浇水更均匀，可以用小尖铲子拌一下土。

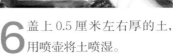
无论是做菜、熬汤还是做酱，风味都非常独特。

私家秘方

- **种植难度** 超简单
- **种植季节** 春、夏、秋
- **播种间距** 10 厘米左右
- **收获时间** 播种后 70~90 天
- **收获方式** 多次收获
- **浇水要点** 表土颜色变浅、用手摸上去不湿、略有潮气、盆的重量明显变轻的时候就需要浇水，每次浇水要浇透，浇到盆底的孔有水流出为止

养护要点

- 播种后放在阴凉的地方，出苗前不要暴晒。
- 播种以后到发芽之前，要保持土壤潮湿，每天用喷壶给土喷水。
- 不要用瓶子或者盆盛水来浇，否则容易把种子冲离原来的位置，或者冲到更深的土层里，影响种子发芽。

5 将 3~5 粒罗勒种子均匀撒在土表面。

6 盖上 0.5 厘米左右厚的土，用喷壶将土喷湿。

罗勒生长过程

1周后

· 小芽奋力地顶开土壤，冒出头来。

· 多喷水，保持土壤潮湿。

罗勒叶从播种到收获一般需要11周。

3周后

· 第1对真叶渐渐长大了，这时小苗需要晒太阳，浇水原则见151页"浇水要点"。

· 长出2~3对小叶子时，要移栽。只有1株的话，可用直径15厘米左右的圆盆，不会出现争抢营养的情况。

· 移盆时，施些麻酱渣做底肥。每隔1个月左右，施1次复合肥或者麻酱渣、鸡粪之类的有机肥。

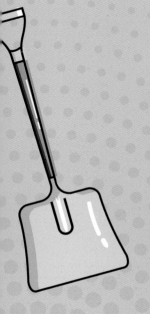

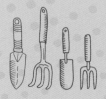

11 周后

· 罗勒越来越茂盛，这时可以摘叶子做菜了。

· 要重视浇水，浇水原则同前。

16 周后

· 罗勒开花了，植株很茂盛，就是太高了，有点头重脚轻的。

· 要是不喜欢罗勒长得太高，可以在春、秋季生长过程中进行"打顶"，把顶端的小芽摘掉，这样罗勒就不会长得过高，而是长得非常茂密了。

罗勒的叶子可以配菜、泡茶。罗勒的花朵优雅漂亮，种一盆罗勒，真是好处多多！罗勒平常香味比较淡，但用手碰碰植株，它就会释放出浓浓的香味来。

紫苏

紫苏,一年生,喜温暖。种子在8℃以上就能发芽,适宜温度为18~23℃,开花适宜温度为26~28℃。喜湿润,不耐旱。日照缩短会开花,开花后植物会走向死亡。为了能多收获几次叶片,要保持阳光充足,从而抑制开花。紫苏有两种,一种是叶子正面绿、背面紫,一种是两面紫。

紫苏种子

1 将营养土装入育苗穴盘。

2 用手把土轻轻地压实,一直装到土面距离盘缘大约1厘米处。

3 浇透水,直到底部的孔有水流出来。

4 可以用小尖铲子拌一下土,会浇得更均匀。

吃烤肉时，一定不能缺少紫苏，既能解腻又能增香。

私家秘方

- **种植难度**　超简单
- **种植季节**　春
- **播种间距**　20 厘米
- **收获时间**　播种后 100~120 天
- **收获方式**　多次收获
- **浇水要点**　表土颜色变浅、用手摸上去不湿、略有潮气、盆的重量明显变轻的时候就需要浇水，每次浇水要浇透，浇到盆底的孔有水流出为止

养护要点

- 播种后放在阴凉的地方养护，出苗前不要暴晒。
- 播种以后到发芽之前，要保持土壤潮湿，每天用喷壶给土喷水。
- 不要用瓶子或者盆盛水来浇，否则容易把种子冲离原来的位置，或者冲到更深的土层里，影响种子发芽。

5 将 3~5 粒紫苏种子均匀撒在土表面。

6 盖上厚约 0.5 厘米的土，并用喷壶将土喷湿。

紫苏生长过程

1 周后

· 种子发芽了。

· 适当喷水，保持土壤潮湿，
出苗后，就能晒太阳了。

紫苏从播种到收获一般需要 16 周。

2 周后

· 长出了真叶。

· 浇水要注意，无须天天浇水，看到
表土颜色变浅、用手摸上去没有潮
气、容器重量明显变轻的时候才需
要浇水，每次浇水要浇到容器底部
的孔有水流出。

4 周后

· 有 2~3 对真叶了, 这时根已经从穴盘底部的孔里长出来了, 要搬家喽。

· 移栽时, 要施足底肥, 麻酱渣、发酵鸡粪都可以。根部的土不能打散, 避免伤根。之后, 每次浇水追一些稀肥, 发酵的麻酱渣水稀释 20 倍就可以了。

8 周后

· 叶子越长越大, 新鲜翠绿, 特别招人喜欢。

9 周后

· 植株长高了, 叶子也更茂密了。

· 家里有小孩的话, 可以和孩子一起观察叶子背面——瞧, 是紫色的哦。

16 周后

· 叶子长得很大了, 可以摘了。

· 摘顶部嫩叶, 口感好些。

· 采摘后, 追施 1 次稍浓的有机肥, 用发酵的麻酱渣水稀释 10 倍即可。

· 可多次采收, 阳光充足的话, 大概能收到秋天。

小香葱

　　小香葱喜冷凉，较耐寒，不耐热，在7~30℃都能生长，适宜生长温度为13~25℃，高温时生长缓慢，而且容易烂茎。对日照要求不严，每天能晒到半天太阳就可以了。葱叶蒸发水分少，比较耐旱，不耐积水。

私家秘方

- 种植难度　超简单
- 种植季节　一年四季
- 收获方式　多次收获
- 浇水要点　土颜色变浅、用手摸上去不湿、略有潮气、盆的重量明显变轻的时候就需要浇水，每次浇水要浇透，浇到盆底的孔有水流出为止

小香葱可以一年四季种植。

1 准备好从菜场买回来的小香葱，挑根须多的。

2 用剪刀剪下根以上5~8厘米部分（茎上白色和绿色部分的交接处）。

3 在花盆里铺底土，葱需肥量不大，施少量底肥就可以了。在底肥上再铺土并轻轻地压实，把香葱头放在土的中心位置。

4 往花盆里填土，把葱头扶正，一边填土一边用手把土压实。一直填到土面距盆缘3厘米左右。

5 往花盆里浇水，要浇透，一直浇到盆底的孔有水漏出来。用手把土面稍微整理平整，然后放到阴凉的地方缓2天。

　　葱怕热，春、秋凉快时长得快。夏天阴雨季节，温度高，阳光少，土壤湿度大，茎很容易就烂了，所以尽量把它放在凉快的地方。

小香葱生长过程

4 天后

香葱头的适应能力很强，已经有新叶子长出来了。浇水要注意，表土偏干时再浇，多晒太阳。之后，每次浇水可以追些稀肥，薄肥勤施。

3 周后

已经长成你熟悉的样子了，可以收获啦！收获的时候用手掐或者用剪刀剪葱叶，留下葱根，还能继续长哦。

用鳞茎种小香葱

1

买一些小香葱鳞茎。

2

在装好土、浇好水的盆里，每隔5厘米左右挖个小坑。

3

把小香葱鳞茎插到小坑里埋好。

4

大约10天后，陆续发芽长高了。

5

20天左右，已经长成了郁郁葱葱的一片。

香菜

香菜喜冷凉，较耐寒，不耐热。发芽适宜温度为 18~20℃，25℃以上发芽率下降，30℃以上几乎不发芽。生长适宜温度为 17~20℃，超过 20℃生长缓慢，30℃以上停止生长。对日照要求不高，能晒到半天太阳就可以了。

香菜种子

对香菜情有独钟的朋友可以在家种植，随手摘几片就能入菜。

私家秘方

- **种植难度**　较简单
- **种植季节**　春、秋
- **播种间距**　5~10 厘米
- **收获时间**　播种后 50~60 天
- **收获方式**　多次收获
- **浇水要点**　表土颜色变浅、用手摸上去不湿、略有潮气、盆的重量明显变轻的时候就需要浇水，每次浇水要浇透，浇到盆底的孔有水流出为止

1 香菜种子又硬又厚不容易透水，直接播种的话发芽慢，甚至不发芽，所以要先处理。可以用擀面杖或玻璃瓶把香菜种子压成两半，再用清水浸泡1晚。

2 在盆里铺底土，施足麻酱渣、发酵鸡粪等底肥。继续填土，压实，一直填到土面距花盆缘3厘米左右。

3 慢慢地给土浇水，一直浇到花盆底部的孔有水流出来。

4 把种子均匀地放在土面上，并撒上一层0.5~1厘米厚的土。

5 用喷壶轻轻把撒上的土喷湿润。要小心，别把种子冲跑或冲得更深。然后放在阴凉处。

香菜怕热，春、秋季长得快，夏天不怎么长，尽量把它放在凉快的地方。

香菜生长过程

1周后
香菜发芽啦，很可爱的小嫩芽。浇水原则见前文"浇水要点"，此时可以开始晒太阳了。

2周后
长出了小叶，而且小叶一天天长大。如果发现有一些相对细弱的小苗，可以拔掉。此时可以追施一些稀肥，但要注意，宜少量多次施肥。

8周后
香菜越来越茂盛！可以采摘做菜了。

附录：病虫大作战

产生原因及危害： 种蝇喜欢发酵、腐烂的东西，而且会在潮湿的地方产卵。温度在 25~30℃ 种蝇繁殖最快，如果温度高于 35℃，种蝇幼虫会死亡。种蝇主要危害植株根部，会严重影响植株生长，甚至会造成植株死亡。

种蝇

预防方法：

1. 勿浇生肥。生肥在土壤里发酵，会吸引种蝇产卵，所以追肥时要先发酵好肥料再兑水使用。

2. 多晒太阳。多晒太阳有助于杀灭幼虫。

3. 挂粘虫纸。在植物旁边悬挂黄色粘虫纸。

治虫方法：

1. 立即停止浇生肥，增加光照，在种蝇多的地方挂粘虫纸。

2. 在一个盘子里放点锯末或者草炭土，放少量土壤杀虫剂。糖、醋、水按 1:1:2.5 配置，将混合溶液倒入盘中，将盘子放在虫多的地方。

3. 用一根筷子，在一端插上一个纸球，在纸球上裹保鲜膜，在保鲜膜上面抹油，但油不要滴下来，在成虫多的地方来回晃动沾满油的纸球，把虫子粘到油球上；或者将纸球直接插在土里虫子多的地方。

发现种蝇

症状： 在植株周围，尤其是土的周围，有很多黑色的小飞虫，有时会落在土面或植株叶子后面，受到惊动就会纷纷飞出来，这些就是种蝇。在土的表面，或者扒开表土，如果发现有白色的小线虫在土里爬，那些小虫就是根蛆，即种蝇的幼虫。

种蝇

产生原因及危害: 有些带翅膀的蚜虫从外界飞来; 有的蚜虫可通过风传播; 还有些是从周围的树木丛中传过来的。有时买的菜上也有虫子, 所以买菜时要注意看一下, 有虫子的不能要。温度在 20℃左右, 空气湿度较低时, 蚜虫繁殖最快。蚜虫会吸食叶片、茎部、嫩芽的汁液, 造成植株缺水、营养不良、生长矮小。蚜虫还是多种植物病毒的传播媒介。

预防方法:

1. 蚜虫喜黄色, 可以悬挂黄色粘虫纸吸引蚜虫。

2. 多给叶子背面喷水, 在植株周围喷水, 提高空气湿度, 不利于蚜虫的繁殖。

3. 多晒太阳。蚜虫喜凉, 一般多发在春、秋季, 随着夏天温度的升高, 蚜虫会明显减少。

蚜虫

治虫方法:

一般发现少量蚜虫时, 可以用手直接清除, 或者倾斜容器, 在水龙头下直接冲洗植物叶片。发现大量蚜虫时, 尽快隔离生虫的植株。如果蚜虫数量特别多, 应将植株直接扔掉, 之后将土暴晒几天以杀灭虫卵, 再重新进行种植。

发现蚜虫

症状: 在植物叶子背面、嫩芽上, 有绿色或黑色、形状像米粒的小虫, 有时这些小虫还会让叶子卷起来。蚜虫多的时候, 在植物周围的地上或者下面的叶片上会有黏的液体, 主要是因为蚜虫会分泌含有糖分的蜜汁, 干了以后就会发黏、反亮光。蚂蚁很喜欢这种蜜汁, 所以蚜虫多的地方蚂蚁也多。

蚜虫

> **产生原因及危害：多由外界飞来，或由周围的植物传来。温度在 20~30℃时，潜叶蝇繁殖速度较快。它们会破坏叶片，使叶片变黄干枯，造成植株生长缓慢，甚至死亡。**

潜叶蝇

预防方法：
在植物周围悬挂黄色的粘虫纸，利用潜叶蝇的"趋黄性"捕获成虫。

治虫方法：
少量叶片出现破坏性纹路时，可以摘叶处理或者把幼虫掐死，同时观察屋内是否有潜叶蝇成虫，如果有，应立即拍死然后挂黄色粘虫纸，捕获成虫。

发现潜叶蝇

症状：初期，叶子上会出现灰白色的点，直径大概有 1 毫米；过段时间，叶子上出现奇怪纹路。这些纹路不是外星人画的哦。仔细看，有个小肉虫在叶子里面不停地爬，这些纹路就是幼虫啃噬过的痕迹。

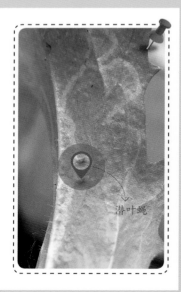

潜叶蝇

产生原因及危害：通过风传播，或者由周围的植物传过来。温度在 29~31℃、相对湿度在 35%~55% 时，红蜘蛛繁殖速度最快，一般 6~8 月是繁殖高峰期。红蜘蛛在叶子背面吸食汁液，造成叶子发黄、干枯甚至脱落，严重影响植物光合作用，导致植株生长不良。

红蜘蛛

预防方法：

多在叶子背面喷水，提高湿度会降低红蜘蛛的繁殖能力。

治虫方法：

笔者也试过用大蒜水、洋葱水、辣椒水、烟灰水喷红蜘蛛，用蚊香熏红蜘蛛，效果都不是很好。若发现少量红蜘蛛，可以用手抓或者用水冲，以控制数量。严重的话，就直接把植株扔掉吧。

发现红蜘蛛

症状： 初期，叶子上有小黄点，慢慢地，黄点越来越多，甚至会连成片，而且叶片开始发黄。叶子背面会出现红色的小点，枝叶上有白色的蜘蛛网。

红蜘蛛

烟青虫

症状: 在果实上有个洞, 但不太明显, 有的叶片被咬食。

危害: 主要危害辣椒、甜椒, 整个幼虫钻入果内, 啃食果皮、胎座, 并在果内缀丝, 排留大量粪便, 导致果实不能食用。

预防方法: 在植株周围, 悬挂黄色的粘虫纸。

治虫方法: 如果发现叶子有被咬食的现象, 仔细观察整个植株, 尤其是花和嫩叶。如果没有发现虫子, 仔细看果实上有没有小孔, 尤其是辣椒或甜椒柄处。如果有, 摘除果实就可以了。

白粉虱

症状: 叶子背面有亮白色的小飞虫, 仔细看像白色的小蛾子, 安静时不怎么动。一碰叶子, 小虫飞起, 很多的时候, 叶子背面有黄色的颗粒。

危害: 吸食叶子汁液, 使叶子褪绿、发黄, 甚至干枯, 影响植株生长。在18~22℃时繁殖速度最快, 一般多出现在春、秋季。

预防方法: 对付多数飞虫, 可以悬挂黄色的粘虫纸预防, 比较环保。

治虫方法: 用粘虫纸, 或者用前文中对付种蝇的油纸球。

白粉病

症状：初期，叶子上有白色的粉斑，像是长了块白毛，之后"白毛"面积扩大，最终整片叶子呈灰白色，有黑斑。随着危害加剧，叶子逐渐枯黄、卷缩、枯死。

预防方法：1.多晒太阳，让植株更健康，抗病能力增强。2.用1克小苏打兑1 000毫升水，3~5天喷一次小苏打水，可以有效预防白粉病。

产生原因及危害：通过风传播。温度在10~30℃都可能发病，20~25℃最适宜病菌孳生。受害叶片背面有白色小霉斑，逐渐扩大，最终可布满叶背面，并会导致叶子脱落。

治病方法：用1克小苏打兑200毫升水，3~5天喷一次，连续喷3~6次，每次喷时，可以用手把叶子上的白毛洗掉。注意，叶子的正面和背面都要喷到。另外，要增加光照，加强通风。

炭疽病

症状：叶子上有黑褐色或红褐色的斑块，之后形成空洞，茎秆出现烂斑，果实上出现烂块。

预防方法：用1克小苏打兑1 000毫升水，3~5天喷一次，就可以预防炭疽病菌。

产生原因及危害：通过风或者昆虫传播。一般温度在24℃左右，湿度在87%以上容易发病。多见于阴雨季节。可造成叶子、茎秆、果实溃烂。

治病方法：用1克小苏打兑200毫升水，3~5天喷一次，同时加强通风。

后 记

　　起初种菜的时候，没想过会出书，只是想记录下自己的生活。

　　编辑联系到我们夫妻俩的时候，我们把种菜拍的图片翻出来整理，自己都吓了一跳：原来这一年多我们种了这么多的菜。在我的体会中，种菜远远不只是"播种"和"摘菜"。从一开始一盆两盆的尝试，到后来为了能放更多的盆而一次次地改变阳台的布局，生活也越来越充实。

　　整理图片勾起了我们点点滴滴的回忆。想起以前堆满了杂物的阳台，想起刚开始播种时候的小心翼翼和笨手笨脚，想起嫩芽破土而出时的欣喜，想起收获时的得意。现在种菜已经成为我们生活里不可缺少的活动。

　　我觉得种菜有点像带孩子。小时候，要仔细注意环境的方方面面，每天看看；长大些，可以适当"放养"，但浇水施肥不可少；生病了要治病；而害虫就是它们生命里的"克星"，记得要帮它们努力驱赶这些"瘟神"。

　　要是菜长得不好，就要分析原因。是种植的时间不对，还是水浇多了或少了？放盆的地方阳光是否充足？菜是不是种得太密，需要间苗了？是不是该施肥了？有没有长虫子……

　　小苗一开始会长得比较慢，那是因为要先长根，根系发达了才能更好地吸收营养供给枝叶，就像学知识要先打好基础一样。这段时间是培养耐心的好时机，现在人们生活节奏快得喘不上气，种菜倒是能让心平静下来。

　　有时候播种完不发芽，别气馁，翻盆再次播种的时候，它们可能会给你惊喜。盆里发芽的，说不定是你3个月甚至半年前埋进去的种子呢。植物来自大自然，有着自己的习性，遇到适合的条件就会生根发芽，开花结果，你用心地照顾它们，它们就会给你带来耕耘和收获的快乐。

　　一般阳台空间不大，要想尽量多地种植，可以在空间利用上想想办法。比如买些木质的层架，下层放耐阴怕热、个头不高的，上层放喜阳大棵的。

　　我们种的品种比较多，所以习惯用育苗穴盘播种，然后移栽，你也可以不用育苗穴盘，直接播种在花盆里，或者尽量改造废弃物做容器。洗菜的时候，最后一次淘洗的水用瓶子装起来浇菜，厨余物发酵以后是很好的肥料。这些小窍门只是我们的一点经验，相信你种过菜之后，也会获得许许多多宝贵的经验，如果有更多、更好的创意灵感，记得要和大家分享哦！

　　种菜不仅能收获果实，在精神上、情感上也会使人大大受益哦。希望大家都能拥有自己的绿色阳台！

魏旭敏

2023.05.25